精致女人必修课

# 穿出来的梦想家

丁杨晨曦 ◎ 著

**中国铁道出版社有限公司**
CHINA RAILWAY PUBLISHING HOUSE CO., LTD.

**图书在版编目（CIP）数据**

精致女人必修课：穿出来的梦想家/丁杨晨曦著. —北京：
中国铁道出版社有限公司，2021.6
ISBN 978-7-113-27775-8

Ⅰ.①精… Ⅱ.①丁… Ⅲ.①女性-服装-搭配-普及读物
Ⅳ.①TS973.4-49

中国版本图书馆CIP数据核字(2021)第039325号

书　　名：**精致女人必修课——穿出来的梦想家**
　　　　　JINGZHI NÜREN BIXIUKE——CHUAN CHULAI DE MENGXIANGJIA
作　　者：丁杨晨曦

策　　划：巨　凤　　　编辑部电话：（010）83545974　　　邮箱：herozyda@foxmail.com
责任编辑：巨　凤　韩丽芳
封面设计：仙　境
责任校对：焦桂荣
责任印制：赵星辰

出版发行：中国铁道出版社有限公司（100054，北京市西城区右安门西街8号）
印　　刷：北京铭成印刷有限公司
版　　次：2021年6月第1版　2021年6月第1次印刷
开　　本：700mm×1 000 mm　1/16　印张：14.5　字数：230千
书　　号：ISBN 978-7-113-27775-8
定　　价：69.00元

晨曦，人如其名，日出时分，希望总是新的。

初识晨曦，第一眼看去，肤白发乌，笑意盈盈，时尚干练，再一眼，她的双眸闪亮，仿佛在诉说她内心有抱负、肩上有使命，柔媚中溢出的刚毅令她在一众美女中赫然出挑。

"穿"与"梦想家"的链接印证了我对她的印象。在她所著的书里，美本身并不是目的，美是一种人生态度，是一种途径，是一种走向美好丰盈人生的基本技能。她用闺蜜间的体己态度引导你：你不可以允许自己不美丽。

我不由得想到她的背后，那一群来自各行业的创业年轻女性，在"大众创业、万众创新"的浪潮中，她们或义无反顾或小心翼翼，选择了扑腾下海。几年、十几年，她们体验过市场慷慨回馈人生第一桶金时的欣喜雀跃，见识过市场的波谲云诡，历经了人情冷暖，在某个委顿时分长夜痛哭，在每个清晨又抹干泪水绽放笑容，她们有一个互相激励、抱团取暖的社群，名字叫"闺蜜力量"。

接触这个社群，是在新冠肺炎疫情肆虐、市场疲软的特殊年份——2020年。当时，她们活跃在市妇联组织的两次活动上。一次是参加省级女性创业大赛胜利者的分享会，另一次是"海口慈善之夜"公益活动。晨曦与"闺蜜力量"的商界女性在这两次活动上，投入了高度的热情，出钱出力，完全将慈善与公益当成自己的主场，充分发动众多海口创业女性踊跃参加，两次活动内容丰富、场面热烈，收到了极好的效果。

尤其是慈善之夜，晨曦和她的团队成员们衣着时尚、妆容精致，她们结伴而来，用最具诚意的捐赠给弱势姐妹送去希望与温暖，她们因此脸上焕发出了最美丽的容光——哪怕是在自己同样困难的时候，帮助别人依然令她们发自内心地感觉到幸福。

疫情的发展是不确定的，市场走向是不确定的，带来的一系列影响也是不确定的。但是晨曦与她的姑娘们选择了做确定的自己：坚忍、进取、忠正、善良。

愿每一位读者都可以做到晨曦时常说的：修内显外。愿你穿出美丽，由此领悟人生智慧，进而帮助实现人生的梦想。

是为序。

海口市妇女联合会主席　徐应新

2021 年 1 月

多年来一直听闻不少观众感慨，1987 年版的《红楼梦》是难以逾越的经典。是否难以逾越自有后人去评价，但它确实体现了我们那一代人对经典著作的尊重和力图还原的一股韧劲。

很多人都提到，这部剧中的人物栩栩如生，让他们印象深刻，因为每个人物的呈现都很鲜明，演员的实力功不可没，而剧中设计的服饰和人物的主色，我也尽量做到与他们每个人的角色性格与心性相吻合。

晨曦在这本书中提到，女性形象由内而外的良好展示，离不开色彩这个重要因素。她指出：

用色彩表达内在并不是我们现代人的发明，看看我们古代诗词中"秋水共长天一色""绿肥红瘦"。中国古人在色彩上早已赋予独特的穿搭哲学。例如古代帝王祭祀时穿的上"玄"下"纁"，玄为天色，纁黄为地色，表达把一天的起和终穿在身上来代表对天地的敬畏之心。

而《红楼梦》这部剧通过精心挑选的人物服装用色，帮助体现了剧中人物的内在性格，想来也能够帮助读者更好地理解色彩的魅力。

当然，不仅仅是色彩，人物形象的饱满和立体，还离不开服装的用料、配饰等。比如书里还提到：

《红楼梦》中对于王熙凤形象的生动描写："头上戴着金丝八宝攒珠髻，绾着朝阳五凤挂珠钗。"一个古代大家族中性格雷厉风行的贵妇人形象跃然纸上。

汉朝蔡邕曰："故览照拭面，则思其心之洁也；傅脂，则思其心之和也；加粉，则思 其心之鲜也；泽发，则思其心之顺也；用栉，则思其心之理也；立髻，则思其心之正也；摄鬓，则思其心之整也。"

意思是你照镜子的时候，就要想到心是否圣洁；抹香脂时，就要想想自己的心是否平和；搽粉时，就要考虑你的心是否纯洁干净；润泽头发时，就要考虑你的心是否安顺；用梳子梳头发时，就要考虑你的心是否有条有理；挽髻时，就要想到心是否和髻一样端正；束髻时，就要考虑你的心是否与鬓发一样整齐。

现代社会赋予女性的角色很多，当女性的时间被太多角色分解后，剩下的自我时间少之又少。而像古人一样在装扮自己之时关照自己正心念，是当代女性十分需要的。

晨曦正是这样一个多重身份的结合的女性，品读她的书，感受到她为女性打造了一套实用的寻找自我的系统工具。美不仅是容颜的体现，更是整个人气质和灵魂的绽放。就像每部好的影视作品一样，都需要有合适的演员将女主角的独特性格和情感很好地诠释出来。其实，每个人都是自己人生这部剧中的主角，如何在自己人生的不同阶段，穿对颜色、选对风格、找到自己的热爱、演绎好自己的不同角色，这或许是新时代女性一生都需要思考的课题。穿衣事小，生活事大。晨曦从大处着眼、小处落笔，深入发掘，展开联想，为读者创造了一个比现实生活更为广阔、更为深远的艺术境界。

在晨曦看来，所谓美学，不仅仅是美的呈现，更是一场自我认知的觉醒之旅。形象美学，风采焕发于设计语言，服饰深植于时代风尚，质气凝心于个体精神。

晨曦是具备这种潜质的形象设计师之一。从她这部作品中，我们可以看到她尝试在哲学和艺术之间游走，力图从美学入手，成为多个领域的连接者。她的梦想并不仅仅是改造单个女性的形象，更是帮助每一位女性发掘内心正念，实现她们的梦想。"积土而为山，积水而为海"，这本书是晨曦多年艺术美学的积淀之作，今天读到这样把美学理论、女性哲学和人生感悟相融合的作品，甚是欣慰，令人充满期待。

希望更多的人通过晨曦这本书，在了解自己的同时，能更多了解中国上下五千年的服章之美。若有可能，也盼望有更多的人愿意走上这条需要深耕和坚韧的道路。

如此，这项细致的工作才能薪传有望。

史延芹

国家一级舞台美术师

87 版《红楼梦》服装总设计师

电影、舞台剧及大型表演服饰总设计师

2021 年 1 月

《诗经·伯兮》云："自伯之东，首如飞蓬。岂无膏沐？谁适为容！"丈夫孔武英勇，上战场、打冲锋，妻子从此不梳妆，头发如草乱蓬蓬。不是没有膏脂，丈夫不在，为谁美容！由此延伸出一种道德："士为知己死，女为悦己容。"可见那时女子的装扮美容，士人的拼死效命，都是将自己置于从属地位，比较缺乏自我意识。

战国晚期屈原颠覆了这种从属观念，自我意识爆棚。作为高风亮节的象征，屈原经常描述自己的服装和穿戴。《涉江》云："余幼好此奇服兮，年既老而不衰。"《离骚》云："制芰荷以为衣兮，集芙蓉以为裳。不吾知其亦已兮，苟余情其信芳！"幼年爱好奇装异服，年老依然坚守初心。裁剪荷叶制成上衣，缝纫荷花制成下裳。他人不理解也就算了，只要自己内心的确芳香！内在的美质和外在的美服高度融合，是诗人不懈的追求。

爱美之心，人皆有之。"仁义礼智"是美的内在精神，服装之美便是内在气质的外在表现。晨曦独具匠心，是一位心怀大爱的新时代独立女性，我们一直都期待她的第一本书出版。《精致女人必修课——穿出来的梦想家》，书名就很有灵气，颇具吸引力。这本书不仅是在讲形象美学，更是融合身、心、脑，以调身的方式调心；不仅阐释爱美的理念，更注重践行爱美的方法。如果想内外兼修，这本书您不能错过。

刘兴林

央视百家讲坛国学大家

华中师范大学及海口经济学院教授

2021 年 1 月

# 推荐序四

必须承认我不是一个热衷服饰的女性，好几次我都纳闷丁杨晨曦是怎么"忍受"我的衣品，继续和我做朋友的。从 2017 年送我第一只金属质感的手环到每次重要场合出场，她都自费为我打造场合穿搭，一度让我担心"太隆重"了。

直到 2020 年，我经历了创业的洗礼、家庭角色的转变以及新冠疫情被迫停下来的深度思考，才从各种看似没有关联的事件中捋出了一条线索：多年来我都在试图用看似努力、看似进取在证明自己是值得别人珍视的。然而，这份礼物早在三年前晨曦就已经用一件件衣饰给予我了。

她帮助我穿出内心深处的梦想、为我打造充满仪式感的出场、教我选择适合自己的配饰……这些为自己精心打造的时刻，都是在告诉我：娜里跑，珍视你自己，你的存在本身就是美好，并不需要去做什么来证明。

这对我来说，是一份莫大的生命礼物。

我时常在想，是什么力量让丁杨晨曦走上了这样一条"与众不同"的形象设计师之路。不是去追求服装本身的创意，而是去看见每个女性的内在美。

生命总是这么奇妙，后来晨曦和我一起创业了，因此有了更多机会和时间了解她的内心世界。越了解，越被她吸引、被她治愈。晨曦不是那种衣服架子式的形象设计师，她凹凸有致的身材时常"吓跑"一些女性客户。看到晨曦，你仿佛就看到了性感、野心、魅力的自己，而绝大多数女人害怕这样的自己，所以她们转而投向可爱的、温婉的、和大家都一样的风格。

晨曦不是这样，在我看来她性感的身材和穿着风格就是她的"女性哲学"，她成为一名形象设计师不是为了把女人变美，而是为了把女人变勇敢。当晨曦为女性挑选衣服饰品的时候，她不是设计形象师，而是一位女将军。她在为她的"战友"们挑选冲锋陷阵的"战衣"，希望服装可以代替自己 24 小时为她们加油呐喊：没错，你喜不喜欢我不重要，我很喜欢我自己，我会为我正当的权利站出来，我会为我想要的目标大胆展现，我会为我不喜欢的事情大声说 NO！是的，我穿的是我的战衣，而不是取悦你的服饰！

这就是我爱这个女人的原因，也是她给了我成为勇敢创业女性的"闺蜜力量"。每次当我涂抹上口红、带上晨曦为我挑选的金属质感饰品的时候，就像晨曦在我耳边说：嗨，娜里跑，走出去！让这个世界看到你的美、感受你的力量！

娜里跑：青年畅销书作家
专注"个人与组织休眠潜能激活"的职业规划咨询师
《用一年时间重生》作者
"闺蜜力量"创始人
2021 年 1 月

# 自序

嗨，亲爱的你，非常开心我们以这样的方式相遇，可以在书中对谈，这是我喜欢的方式，见字如面。

我是丁杨晨曦，一位形象设计师，6 岁起开启绘画的专业训练，大学学习形象设计专业一直到现在从事着这个热爱的职业。在我眼中每一位女生都有着独特的美丽，而我的工作就是帮助她们呈现出独特的美好。

你眼前的这本书，是专为中国女性而写的实用型形象穿搭书，它的特别之处在于通过形象穿搭为媒介，助力女性通过探索自己穿出自我独特的美好与气质，打造属于自己的美好氛围。希望这本书能够带给你的不仅仅是美好的形象，更多的是美好的生活。

今年是我从事形象设计行业的第 14 年，我想先从我的职业生涯中对形象的几次认知重塑讲起。

大学时，我学习形象设计专业，只是单纯享受把人变美的过程和喜欢别人看到不一样的自己后惊艳的表情，所以那时设计的造型都是非常夸张而怪诞的；

毕业后，我主要为各种舞台剧、选美大赛设计形象造型，开始学习把多年的绘画经验融入进去，喜欢设计很有艺术风格的造型；

再后来，我的形象设计主要服务于大型晚会及明星艺人。在这个阶段我到北京进修学习了更多的形象设计理念，迎来了第一次事业的小高峰，有机会为明星设计形象，获得了金钱和成就感的回报，但同时伴随而来的是内心的迷茫，开始有一个可怕的念头：我在做一个很肤浅的行业。这时的我开始停滞不前。

就在此时我进入婚姻，有了孩子，这期间经历了一场严重的病痛和产后抑郁，我越来越迷茫，开始不自信与自我否定。想要自救的我开始深入地往内在探索，在探索自己的过程中有幸遇见了李欣频、胡因梦、珍妮特·布蕾·艾特伍德（Janet Bray Attwood）等老师，看了她们的书籍，上了她们的课程。大量的学习和沉淀后我逐渐发现形象设计并不肤浅，而是我的认知太过表象。中国有句话是：相由心生，心由相表。其实人的身心脑是一致的，形象设计师做的事是从调身的方式在调心。

明白这个道理后，当我重新回归行业时，我发现所谓的"色彩、风格、穿搭"都是术的层面，真正的形象设计是帮助一位女性成为她自己，助力她穿出内在的美好。在这个过程中我也找到自己真正的热爱：帮助女性活出由内而外的美丽和丰盛。

我发现，女人"成为"自己最重要。"成为"这个词很有意思，我们常说"做自己"，那什么样才是"自己"呢？人生是一个不断螺旋上升的过程，所以不断地成为自己吧！在这个过程中形象会成为你强有力的助力，穿出一个又一个不一样的你。

我最喜欢的一句关于形象设计的形容来自造型师 Patricia Field[①]："与其说我在设计戏服，不如说我是在营造一种气氛。如何围绕着穿着本人的生活个性喜好，组合搭配出一种气氛，再利用这种气氛，产生能量，就是 Fashion。造型不只是这条裙子配那双鞋。"

所以你手里的这本书，我希望它带给你的不仅仅是实用的穿搭方法，还是一本帮助你探索自我的书籍，这本书中用到的所有工具都是在自我探索的过程中令我受益匪浅，后来也被和我同样经历迷茫期的女性成功验证过的，现在也分享给你。

如今的我不仅仅是一位形象设计师，也是一位创业者。在写这本书的 3 年里，我的生活发生了很多奇妙的变化：2017 年因为学习遇见了一群同频的闺蜜，我们创立了一个女性社群；2019 年我们正式将它公司化运作——"闺蜜力量"。如今闺蜜力量是一所支持女性轻创业的大学，分布在全国 20 个城市，影响了数十万女性，带领女性们活出热爱、优势协作，用教育和项目助力女性实现自我价值，用女性的方式重新定义商业，并不是说改变商业本身，而是我们知道如今的商业世界是男性视角下的，例如：娱乐、出版和广告界处于影响力的女性只占少数，这就意味着我们所了解的大部分内容是男性视角下的。这个世界的设计，还有一半人口没有出席。

在这些年的探索和实践中我也逐步实现了自己曾经绘制的许多梦想清单：被众多品牌邀请各地授课演讲；受品牌邀请去巴黎、希腊、日本等地游学；创作了多幅喜爱的绘画作品；影响了数万女性鼓励大家活出自己；拥有一支有爱和凝聚力的大团队；和爱人的关系变得独立又亲密……如今的我就是穿出来的梦想家的一个范本，相信如此平凡的我可以做到，你也同样可以。我邀请你一起做个精致女人，穿出内在美好，穿出理想生活，一起做个穿出来的梦想家。

书中有部分内容配有视频解析，可通过关注右侧公众号，输入相应的关键词获取。

---

① Patricia Field：艾美奖最佳服装指导，《穿普拉达的女王》及《欲望都市》的造型师。

# 目录

第一章

# 成为自己的形象设计师

# 一、形象设计师的美学地图

或许从智人把贝壳串成项链戴在脖子上的那一刻起，人类就有了关于美的觉醒。

越来越多的现代女性学习形象美学，更多是为了从这个角度认识自己、探索自己、能够更加接纳自己，真正爱上自己的不同面，从而学会欣赏世界的不同。

亘古以来，有着无数以毕生全部热忱投入感知美、制造美的引路人，有的研究形象美学，有的研究服饰之美，不管是什么时期，都让我们能够感知这个世界各种各样的美。

从事形象设计这十多年，我见证过无数女性成为自己的最佳形象设计师。秘诀是她们接纳自己的样貌身材，用健康阳光的方式让自己更加接近理想的自我。她们通过对自我的探索与审美的提升，一步步构建了属于自己的美好形象和美好生活。

当成为自己的形象设计师后，你会发现眼中的世界和自己都是如此的不同凡响；会发现服饰变成了亲密的伙伴，它们陪伴着你，构建着你，成为你的一部分，助力你实现自己的理想生活。当你学会这套技术，就可以大胆设计自己的形象和生活，并且有力量去实现这一切。

那么如何成为自己的形象设计师呢？那就是拥有设计师的眼睛和思维。

形象设计师最大的特点是拥有善于发现美的眼睛，她们眼中的每一位女性都有非常闪光的点。我发现，大部分女生对自己的外在形象都是不满意的，总是把自己的缺陷无限放大。

而设计师的思维是一种善于转化的设计思维，可以把优势无限放大，将缺点转化，并让这一切以最好的方式展现。

下面就让我们开启拥有形象设计师眼睛和思维的学习吧。

## 二、拥有形象设计师之眼

### 1. 美的规律

说到"美"是一个很大的话题，到底什么是美呢？

我们中国古人言"美者，甘也"，意思是"美是一种甘甜"，从口中到心里升腾起来的一种体验和品质。大家想想，什么会让我们有像嘴巴里吃了糖果的甜蜜感觉呢？可以是路边一朵迎风起舞的花，傍晚五彩斑斓的夕阳，迎面走来的陌生人微笑。那些美与美好都让我们有甘甜的体验。

小时候我学习绘画，老师会训练我们学会欣赏各种颜色的美，欣赏大自然里的色彩和形状，所以设计师之眼是一双善于欣赏各种美的眼睛。这种审美能力可以平衡这个时代带来的焦虑。

那么审美有原则和规律吗？这就要说到设计师的思维了，经由专业的训练形象设计师大脑中都有一套设计模型，下面从底层逻辑来讲如何构建"美"。

中国古代美术品评作品的标准和重要美学原则"谢赫六法"讲道：

画有六法：
一曰气韵生动，
二曰骨法用笔，
三曰应物象形，
四曰随类赋彩，
五曰经营位置，
六曰传移摹写。

宋代美术史家郭若虚说："六法精论，万古不移"，这套美学原则不仅放在艺术作品上，放在个体穿着上也同样适用，让我们一起来感受一下。

前两句话中，"气韵生动"是指精神上的美，也就是我们经常说到的由内而外的美，想想你喜欢的美人，你会发现她们身上都有着属于自己独特的气质和生命力，这就是谢赫所说的"气韵生动"才是审美中的最高境界；

"骨法用笔"：在美术上指的是用笔的质量，在形象上我认为是构建美的能力；

后面四句是教给大家如何做到"气韵生动"的具体做法。

"应物象形"：用心感应物体然后去造型，在形象上对应的是风格塑造；

"随类赋彩"：给作品赋予适合的颜色，在形象上对应在了解自己的肤色、发色后再赋予它们适合的色彩。

"经营位置"：美术作品上指构图，形象上指搭配的结构。

"传移摹写"：美术作品上指要从临摹开始，形象上指找到我们的穿衣榜样，从模仿开始。

所以审美的精髓逻辑都是一样的，无论是画一幅画、设计一套房子还是设计一个人的造型，我们中国古人早就给我们总结出来了。这套美学的精髓逻辑也是我们这本书的学习地图，让我们一起开启这趟旅程吧。

## 2.用形象设计师之眼重新观察自己

形象设计师为客户设计前，一定会让她端坐在镜子前一边观察一边和她聊天。在聊天的过程中，设计师们在捕捉着客户的信息，并从镜子里收获形象要点。下面就把形象设计师观察的方法教给大家。也许你会想：照镜子还用教吗？

依我的观察经验，大部分女生不是很会照镜子，因为我们常常对自己的优势视而不见，却与自己的劣势狠狠较劲。

我先给大家形容一个姑娘，大家来猜猜她是谁？

这个姑娘，她身高不到160cm，且头比较大，发量少且发质软，脸盘很大，左右脸又有点不对称，单眼皮且眼睛不大，鼻梁很塌。

大家听到这里，是不是会特别同情她，在想这个姑娘得长成什么样呀？

老实跟大家说，这个姑娘就是我。可能有的小伙伴会说，晨曦你骗人，我见过你，你长得不是你说的那样。其实我说的都是事实，只不过是运用了化妆和搭配技巧，弱化自己的缺点，突出自己的优势，达到和谐的效果。我要讲这个的原因就是，我们大部分的女生都会把我们的缺点无限放大，而对我们的优势视而不见。

再来讲一位女士。她在采访中这么形容自己："我太瘦了，耳朵突出，牙齿不整齐，而且我的脖子太长了，脚又很大。"听到这里，也许你会觉得她一定不是美人，其实她是大多数人心目中的女神——赫本。上面这段话，是赫本在拍摄《午后之爱》后接受采访时对自己的形容。

所以我们要学会正确照镜子的方法，观察自己。在后面的章节中，我会教大家用不同的观察方法来定位自己的整体形象，其中包括身型、脸型、色彩还有风格。有人会问，不靠形象设计师也可以做到吗？当然可以！你只需要准备两面镜子，一面全身立镜，一面能照到肩膀的半身镜（梳妆台的化妆镜最好）。

# 三、拥有形象设计师之脑

## 1. 什么是设计思维

设计思维是以人们生活品质的持续提高为目标的思维方式，帮助大家创新和探索。正如服装设计师在设计服装前，大脑中就有了那件衣服的样子；手机研发人员在研发时，脑海中就构思出这个型号手机的款式和新功能；画家在创作新作品前，脑中就有了整个画面。正如全球创新设计公司的 CEO 说："当把设计从设计师手里拿开，放到每一个人手里的时候，设计的价值才会最大化。"

我记得在高中时期，美术老师为了让我在高考中被更多的艺术院校录取，大量训练我这种思维能力。他常常拿出一件生活中常见的东西，例如杯子、钢笔，然后给我一个题目去再创造。老师跟我说，设计之前要学会先解构。比如设计一个品牌 logo，就需要对这个品牌的中文名和英文名解构，看它由什么汉字和字母构成，再重新组建设计。

现实　　设计创意　　解构　　想要

例如上面插画中的女孩：现实就是我们当下的状态，理想状态就是我们想要的样子。现实和理想之间的鸿沟要靠什么连接呢？要靠设计创意及解构。

解构的过程非常有趣，像是在玩属于自己的一套拼图，先把自己一片片拆解，拆解自己的色彩、风格、身型、脸型等。然后再用这些碎片拼凑成我们的个人形象画布。

这套思维不仅可以设计自己的形象，还能设计工作、事业、生活，让生活更有趣。

我们设计的不是完美的人生、完美的形象，而是最像你的人生，最像你的形象。

所以一切的圆心都围绕着你，一切都始于你。

## 2. 用设计思维重塑你的人生

人生是可以被设计的吗？

相信大家在很多励志书籍、心灵导师那里听到过关于创造自己生活和人生的故事，大学毕业后我也投入寻找人生意义的旅途之中，从一本书中找到了解决答案，这本书就是国际著名导师罗宾·夏玛的《卖掉法拉利的高僧》。它是一本翻转生命的心灵能量书，把每个人的精神世界比喻成一座花园，如果你悉心照料它，把它培育成一片肥田沃土，它就会开出意想不到的花朵。

这本书中写到一个很重要的观点："每件事情都会发生两次，第一次发生在头脑中，第二次是在现实中得到印证。"我曾经在很多导师的课程上听到过这个观点，自己也无数次去验证了这种创造的神奇。

那么，想要过上自己最理想的人生之前，同样地，我们要先在大脑中"设计"一遍。接下来问题又来了，如何设计自己的人生呢？

美国设计师艾莎·贝赛尔（Ayse Birsel）关于人生解构和设计自己想要的人生的理念，解决了我这个问题，后面的内容为大家揭晓这一理念。

可能小伙伴有疑问：晨曦老师，咱们学习形象穿搭，有必要上升到人生设计的高度吗？

我的回答是有必要的，相信每一个小伙伴学习形象的初衷，都不仅仅是形象本身。

每期形象课的第一节课，我都会问大家来学习形象的原因，大多数小伙伴会说：

"为了变美呀。"

"那么变美是为了什么呢？"

"为了面试成功""为了有一段美好的恋爱""为了在领奖台一展风采""为了给孩子做个好榜样"……

各种各样的答案都有，总结起来就是：为了解决某个问题或者改变某一种状态等。面对大家不同的需求，让我决定想要把这个内容加入形象设计的课程中，因为我希望能够助力给大家的，不仅仅是形象的美好，而是形象背后的一种力量。我自己用这种力量获得了很多，构建了自己想要的人生状态，所以我也想把这种力量传递给大家。

### 3. 设计思维的运用

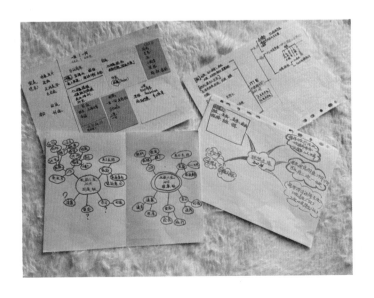

虽然我从高中时期接触设计思维，但是把设计思维运用到生活中是在我的创业时期。2015 年，刚刚生完孩子的我状态非常不好，迷茫且一直找不到出口，生日当天我一反常态的独自在酒店待了一天，用思维导图的方式拆解了我当下的生活。

首先，对我的时间和空间进行了梳理，梳理完之后我的生活全貌展现在了我的面前；然后，我发现从工作的维度来看不喜欢且不擅长的工作内容占据了我 80% 的时间，而最热爱也最擅长的部分不到 20%，更可怕的是除了工作维度几乎没有生活和休闲，如果继续这样下去生活会出现大问题。

接着，我像设计一幅作品一样开始设计自己理想版本的生活，把理想生活的思维导图画出来，随后找来理想版本的照片贴在思维导图的周围。后来我才知道这种方式有一个好听的名字叫"梦想板"。以后的每一年年初我都会重新设计自己的梦想板，把它放在自己的书房里，美好生活慢慢向我展开新的篇章。

在这个过程中你会发现，生活中的高频事件是什么。对于作家高频事件应该是写作，对于画家而言高频事件是绘画，所以当你去解构自己的生活后会有清晰的高频区与低频区，然后去思考是否需要迭代自己的高频事件。

当设计思维运用到你的生活中和形象中，你会发现一种焕然一新的生命力会贯穿你的日常。

那次的设计对我来说意义深远，从那一刻起我似乎跳入了一个新的轨道，进入了崭新的人生旅途。因为我设计了自己理想中的目的地。

之后我把这种"先解构现实再设计理想未来"的设计思维融入课程研发、创业和生活之中，一步步到达我理想的人生版本。

# 四、定位自己的形象阶段，开启你的美学地图

了解我们的形象阶段就如同做健身规划前，健身教练会告诉你是减脂期还是增肌期一样。又像我们考前培训的摸底考试，根据不同情况进入不同的提升阶段。形象设计师会根据客户所处的时期不同给予不同的形象改造建议。

下面请大家跟随我来开始一套有趣测试题，看看 A、B、C、D、E 所描写的状态哪个比较接近你的现实生活？哪个选项选择次数最多就属于哪个阶段。

1. 您对于自我形象的态度是（　　）。

A. 关注形象是一件肤浅的事，我觉得自己这样挺好

B. 形象挺重要可我不知道如何下手

C. 形象能够助力我的生活，我正在学习

D. 我的形象已经很不错，还想有更多的可能性

E. 对于目前年龄，我的形象是我预期的最好状态

2. 面对各种流行时尚资讯，您的态度是（　　）。

A. 和我没有关系呀

B. 会关注时尚资讯但是都不适合我

C. 偶尔会关注但不太懂得如何运用在自己身上

D. 我常购买流行款，且能够说出每年的流行色和流行风格

E. 了解流行趋势但不会过于盲从，会从流行中选择适合自己的

3. 您目前衣橱的状态是（　　）。

A. 大都是舒适的运动装及休闲装

B. 衣橱满满，出门总穿那两三套衣服

C. 衣橱里的服装都是基本款，偶尔会觉得有些乏味

D. 衣橱里各种风格都有，某些重要场合不知道穿什么

E. 衣橱比例得当，既有高品质的基本款，也会有重要场合惊艳的单品

4. 您逛街与购物的状态是（　　）。

A. 不爱逛街买衣服

B. 常买爆款常听销售员建议买回来却不爱穿

C. 热衷逛街，但是常买相似服饰

D. 热衷逛街购物，什么风格都往家里搬

E. 常被闺蜜拉去做购物顾问，只买需要的光芒款

5. 您发型的状态是（　　）。

A. 只考虑实用性的发型，几乎不烫染

B. 常根据流行趋势选发型、发色，但是成功率极低

C. 已经找到适合自己的发型，但还是希望有更好的

D. 不断尝试新的发型和发色，导致发质有些受损

E. 了解自己不适合什么，在能驾驭的范围内变换发型，成功率极高

6. 日常使用化妆品的状态是（　　）。

A. 化妆台上有一些化妆品但是很少用

B. 买了很多化妆品却并不会用

C. 掌握了适合自己的妆容

D. 化妆台上堆满了各种口红、眼影并且还在不断被种草

E. 有固定使用的粉底液和眼影盘，并且掌握在不同场合的化妆重点

7. 您对色彩的态度是（　　）。

A. 颜色顺眼就好

B. 总想尝试各种颜色但不清楚自己到底适合什么颜色

C. 知道自己搭配哪几种颜色最适合

D. 了解自己最适合的色彩，但是还在不断尝试和突破

E. 能够把适合自己的色彩用得恰到好处，让人念念不忘

8. 您对风格的态度是（　　）。

A. 不知道风格建立和我有什么关系

B. 了解风格建立的重要性但不知道如何用在自己身上

C. 大致了解自己的风格但是运用起来总觉得不够出彩

D. 了解自己大致的风格但是总想不断尝试

E. 内心喜爱自己建立的风格，运用起来得心应手，还能玩转风格混搭

根据上面这 8 道题，你就能够大致了解自己目前形象的所属状态，看看 A、B、C、

D、E 哪个选择更多，你就属于哪类。如果出现分数一样的情况，建议选择靠前的选项，例如 B、C 都是 3 分，那么就按照 B 选项的结果为准。原因是：从 A~E 是层层递进的，选择靠前的结果更有助于整体的定位与学习。

A 选项最多属于无意识期。

B 选项最多属于形象混乱期。

C 选项最多属于建立形象期。

D 选项最多属于突破期。

E 选项最多属于穿自己时期。

五种时期各有各的特色，也是层层叠进，E 时期就是最好的一种状态，对于形象游刃有余，可以穿出自己的内在美好和内在表达，个人风格鲜明，让人过目不忘。下面我们将详细来进行分析和讲解。

A 选项最多：无意识期

特点：不觉得自己有什么形象问题，也从不关注时尚资讯，认为打扮是一件肤

浅的事，内在美比较重要。

优势：在形象方面属于一张白纸，可塑性非常强，常常能够打造出惊艳自己与他人的形象。

挑战：对于形象不够重视，所以常常不会在形象方面花费时间与精力，但这种状态下，比如遇到了职场晋升，或者爱情触礁，就会开始苦恼、抓狂，甚至出现自卑心理。

建议：重新树立自己对于形象的理念，或许你拥有非常美好的内在，但是需要将你内在的美好展现出来，外在美并不是肤浅，它是你最外面的内在。这种时期可以多看一些经典女性传记，寻找你的女性榜样，从榜样身上获取形象灵感或许更容易让你开始重视形象。

B 选项最多：形象混乱期

特点：意识到形象非常重要，并有极强想要改变的状态，但是不知道从何下手，

衣橱要么都是黑白灰，要么五彩缤纷，风格也比较混乱。

优势：可塑性极高，容易打造出惊艳的形象，并且非常热衷了解形象及美学，这种热情会让你具备很强的学习力和践行力。

挑战：想要大变身的原因容易在服饰上乱花钱，买回来又不合适的现象。

建议：这本书会帮助你认识自己，接纳自己，穿出属于你的美丽。建议在跟着这本书践行中不要去买太多的衣服，先用自己衣橱的服装练习搭配，等建立了自己的基本形象后再开始买买买，这个阶段一定要学会化妆。

C 选项最多：建立形象期

特点：了解自己穿哪些颜色和哪些款式的衣服最好看，已经具备一定的审美能力，但是偶尔会觉得有些乏味，想要更好。

优势：对自我已经比较了解，审美能力也很不错。

挑战：因为太过稳定的形象，自己会觉得有些乏味。

建议：先保持稳定，多模仿。当你的形象给人的感受比较稳定了，大家对你的印象很符合你自己想要的关键词，例如时尚、知性，有气质。你要有一段时间一直保持在这样的状态中，在这个状态中，你最重要做的就是不断提升品位，在形象趋于稳定后可以开始尝试新色彩和新款式和一些新的搭配技巧。

D 选项最多：形象突破期

特点：形象趋于稳定后或者拥有了新的角色后常常想要寻找突破，会对其他风格或者色彩很有兴趣，也开始尝试一些不同的发色、发型。

优势：对于色彩及风格已经能够玩转起来了，把形象及穿搭当成生活中的乐趣，这个阶段的美妞儿如果对形象美学有兴趣可以考虑把形象设计作为副业开启多元变现。

挑战：在尝试突破的时候会出现对新风格拿捏不了分寸，会出现驾驭不了新造型的情况。

建议：很多明星在这个时期也经常会出现"雷人"的造型，例如周冬雨从甜美风格过渡到时尚风格那段时期也会因为过去时髦的穿搭出现在黑衣榜上，但是随着她气质的变化，慢慢塑造出了属于自己的"文艺＋时髦"的风格。我在帮客户做形象突破时也会常常遇见这种情况，特别是当女性有了新的角色常常会进入突破期，例如做了妈妈或者升职、创业等，如果内心还没有准备好，或者是她内心对这个风格是有抗拒的，就比较容易和服装形成违和感。所以，在突破期时，可以尝试做一下自我探索，看看自己是否想要更新自己的关键词。

E 选项最多：形象穿搭高手

特点：对自我已经相当了解，会根据心情、需求、想要表达的内容以及场合去穿搭，也享受形象美学带来的乐趣，会出现对自己更美好的要求，例如去追求更水润透亮的皮肤、更加健康亮泽的发质以及更有线条和美感的身材。这个选项的女生对美学非常有天赋，适合往形象美学及相关产业发展，把兴趣专业化。例如：时尚博主、形象设计师、美学讲师等。

优势：穿搭高手。

挑战：保持稳定，有时会对自己要求过于完美。

建议：就像上文中谈到的周冬雨，她为什么现在越来越能够驾驭多种风格？大家是否注意到，除了年龄阅历的增长外，她的眼神更有力量了。当你的内在力量提升之后，会发现自己能够驾驭更多的风格，因为你内在会有一种强烈的自信心，这种自信会映射在你的脸上和身上。

另外需要提醒的是，在进入 C 阶段之后要注意保持稳定。举个例子，这很像你有家自己的餐厅，一定要有自己的拿手菜一样。你的衣橱中要有一种稳定的风格，就像餐厅的拿手菜一样可以信手拈来。等你把拿手菜已经做得非常好了之后，再慢慢去突破其他的菜系。形象学也是没有标准答案的，最重要的是，你是如何看待自己如何表达你自己的。当然，所有的美虽然表现形式不一样，但都有一种内在的和谐，希望我们都能够达到从内在到外在的自洽。

## 本章小结

亲爱的闺蜜们，在第一章里我们讲到审美的底层逻辑，大家可以做以下几个练习：

① 把注意力从外在回归到你自己身上，观察自己的外在和思维；

② 用你的双眼感受和观察身边美好的人与物，让美滋养你；

③ 判断形象所属时期，并记录自己目前阶段需要升级的形象改变。

这个过程中忍不住嘱咐大家几句，变美的过程不要着急，你会发现你完成的不仅仅是一次形象重塑也是和自己的一次对谈，过程也是结果的一部分。每天对自己说"不急不懒，慢慢享受过程"。

完成的闺蜜们可以在微博上 @闺蜜力量晨曦，让我一起陪伴大家完成这趟美学进化之旅。

YOUR
IMAGE
DESIGNER *Echo*

第二章

# 穿出你的光芒色彩

# 一、寻找你的光芒色

每次讲到色彩就想起我的形象设计启蒙电影——迪士尼 1950 年版本的《仙履奇缘》（灰姑娘）。那时候还是 VCD 的年代，而我也还是一名小学生，最喜欢看的就是灰姑娘变身的瞬间，特别是仙女的台词，她说："Cinderella 来让我看看你的尺码，你的颜色，来一套简单点的不过要非常突出的，交给我办这会是很棒的衣服"。整部电影我最喜欢的是仙女帮助 Cinderella 设计她的舞会形象，那会儿我常常想为什么不选粉红色呢，公主不都是穿粉色裙子戴王冠吗？

直到后来开始系统学习美术，了解色彩心理学后，才明白颜色的魅力。浪漫的粉色、追梦的蓝色、独特的黄色、神秘的紫色、生命力的绿色，这些色彩的表达在迪士尼的公主们身上体现得淋漓尽致，在格林童话原版的故事里只描写了几位公主的美丽与性格，并没有对她们的裙子进行过多的描写。迪士尼通过原著中关键的词语对公主们进行了整体的形象设计。对于电影的服装而言，它更像是一种无声的语言，在角色还没有说话的时候便通过色彩、服饰风格无声的展现出了自己的情感，并且用色彩帮助我们更加认识这些公主们的不同性格。

《美女与野兽》的 Belle，特立独行、爱学习，爱思考，超强行动力正是黄色的体现。《睡美人》Aurora 的温柔浪漫几乎就是粉红色的化身，灰姑娘 Cinderella 的勤劳善良敢于追求梦想和蓝色是如此贴合。不仅各位公主的性格都和色彩相对应，她们的肤色与瞳孔色都是与服饰相协调的，经典作品里的女主角们常常有着属于自己独特的流行色，她们的服饰在观众内心留下经久不衰的经典人物形象。

品牌定位著作《视觉锤》这本书中提到的关于色彩的描写都非常精彩，例如：麦当劳的黄色、星巴克的绿色、蒂芙尼的蓝色都充满了故事和品牌的表达。那么对于我们来说，最适合的色彩就是我们的"光芒色"。

# 二、属于自己的色彩 DNA

## 1. 由设计师之眼找到你的光芒色

色彩是非常有趣又实用的知识，穿着正确色彩的服装，不仅可以让我们更加有魅力，还能改变我们的心情和情绪，特别是对于想要打造个人品牌或者职业上升期的人来说尤为重要。色彩总是先我们一步表达我们的内在，这股力量甚至超过了款式的表达。香奈儿女士说："世界上最好的颜色就是适合你的那个颜色"，也就是前面我们提到的谢赫的"随类赋彩"。你的光芒色就是你的永恒流行色。

如何找到属于自己的永恒流行色呢？

首先，我们需要了解人体也是有"色、形、质"的。就像我们去花店买一束花，会挑选喜欢的颜色，会挑选花的大小和形状，还会摸摸花的质感，这些就是花朵的"色、形、质"。

对于我们个体来说也一样，发色、肤色、眼球色、唇色赋予了我们"色"，脸型、骨骼赋予了"形"，头发的质地、皮肤的薄厚赋予了"质"。当我们有了这个概念后，就能选出与我们天生的"色、形、质"最为匹配的服装和饰物。具体怎么选，还是有一定方法的。

大家可能都有过这样的经历：在网上看到一位美妆博主推荐了一款口红，订购回来欢喜地对着镜子尝试。"咦，怎么和博主涂在嘴唇上的效果不太一样，是同款吗？"

最主要的原因是你和博主的肤色有可能不同。我专门为大家画了一张图，在不同肤色下口红色是否呈现出不同的效果？

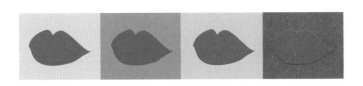

为什么会是这样呢？这里就要普及一下色彩知识，我们常常会听到形容一个人的皮肤"黑"或者"白"，主要是从色彩明度上去区分肤色，即皮肤越白皙明度越高，皮肤越黑明度越低。在上面的图片中，相信大家能清晰地感受到明度不同口红色呈现效果的差异。

除明度外，还有一个重要因素是色彩的冷与暖，在色彩学中，加入黄色越多色彩越暖，加入蓝色越多色彩越冷。为了让大家更加清晰，画了一幅图来说明：从左往右为从暖到冷的渐变。

服装分冷暖色，我们的肤色也一样。相信大家都听过：脸色蜡黄、脸色铁青这样的词汇，其实这就是皮肤的冷暖色调，在前面的口红色搭配肤色的图片中，左边两个肤色为偏暖肤色，右边两个肤色为偏冷肤色。

我们的皮肤分为：冷色调、暖色调、中性色调。暖色调肤色的人，称为暖色系人（暖型人）；冷色调肤色的人，称为冷色系人（冷型人）；中性色调肤色的人，穿衣不分冷暖，色彩选择可以更加丰富。下面就用形象设计师的方法来找到属于我们的冷暖色调。

设计师之眼观察关键点：

① 在一个晴朗的早晨对着阳光放一面化妆镜；

② 素颜面对化妆镜保持 20cm 左右的距离；

③ 把头发梳起来露出整个面部，注意把刘海也梳上去；

④ 穿白色低领的衣服，露出脖子；

⑤ 准备金银两色的饰品。

观察要点：观察我们的发色、肤色、眼球色和唇色是带有黄橙的暖色调还是偏玫瑰红、蓝色的冷色调。

（1）暖色系人的特点：

头发：发色不会太黑，有一点点泛深棕（如果染发了就看发根的色彩）；

瞳孔：偏棕色调，或者是琥珀色，黑眼珠看起来有些透明而且眼神偏柔和；

肤色：明显的偏黄；

嘴唇：偏橙色的粉红；

金银法搭配：搭配黄金饰品，肤色显得更加白皙通透；搭配白金或者白银饰品，肤色显得惨白或者暗沉。注意：玫瑰金是中性色，不适合作为测色工具。

暖

○ 头发：头发泛棕
○ 瞳孔：偏棕色调或琥珀色
○ 肤色：明显的偏黄
○ 嘴唇：偏橙色的粉红

（2）冷色系人的特点：

头发：发色偏黑，而且非常有光泽，黑中甚至是带有一点灰或者是蓝；

瞳孔：很深的棕色，或者接近黑色，眼神有深邃坚定感；

皮肤：如果肤色偏白，会有明显的粉红色调，特别是苹果肌那个部位会有偏玫瑰粉的颜色；如果肤色偏暗，肤色中有明显的青色调；

嘴唇：偏玫瑰粉色调；

金银法搭配：搭配白金或者白银饰品，肤色显得更加白皙通透；搭配黄金饰品肤色显得暗沉，瑕疵更加明显。

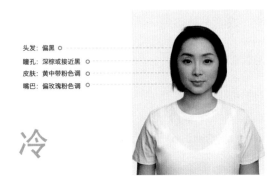

头发：偏黑
瞳孔：深棕或接近黑
皮肤：黄中带粉色调
嘴巴：偏玫瑰粉色调

冷

大家可以通过上面的描述来判断自己属于冷色系人还是暖色系人。

## 2. 冷暖色系的穿衣指南

暖型人，适合穿各种黄、橙、棕、大地色系的服装，服饰中的黄色调会和皮肤头发中的黄色调形成呼应之美。下图为暖型人穿衣色谱。

冷型人，适合偏蓝、粉、紫色等冷色调。下图为冷型人穿衣色谱。

在选择色彩时，大家还需要注意我们上面讲到的明度，如果你的肤色明度高，可以在属于自己的冷暖色彩里选择浅淡的服饰色；如果肤色明度低，可以选择冷暖色彩里色彩深的颜色。例如：你属于冷色调，如果想要白皙那么选择浅蓝色更加适合，如果肤色暗沉则选择深蓝色更加适合。

人家要记得，所有的测试都只是工具来辅助你找到适合的颜色，这个过程中还需要大家多多将不同颜色的衣服穿在身上去尝试，例如多逛街，多试穿，行动起来你会越来越了解自己的服饰光芒色。

# 三、用色彩助力我们的生活

## 1. 色彩的分类

当我们对色彩越来越了解，生活也会有更多的乐趣。当我们说起"红色"时，我们的脑海中会立刻出现红旗的颜色，红色只有这一种吗？不，随着颜色的深浅不同，也会有不同的红色出现，所以，色彩家族很大，每一种颜色都有许多兄弟姐妹。

色彩对我们的情绪也有很大的影响。想象一间沉闷的办公室里，走进一位穿着樱草黄长裙的姑娘，心情是不是瞬间也跟着明亮起来。所以色彩是可以帮助我们构建气质非常强有力的工具。

色彩的能量是巨大的，庞大的色彩家族可以被分为两大类：一类是无彩色，即黑白灰；另外一类是有彩色，即无彩色以外的其他颜色。在学习色彩时，我们还要了解色彩的三种属性：

色相：色彩的相貌。

明度：色彩的深浅。

纯度：色彩的饱和度。

学习色彩知识不仅可以用于日常的服饰搭配，生活中的一餐一食、一屋一物，还被广泛运用于疾病治疗及心理治疗等各个方面，例如小儿得了黄疸时需要照射蓝光治疗；轻度抑郁症时期医生会选择用色彩、音乐疗法。下面我们就进入奇妙的色彩世界吧。

## 2. 用无彩色系建立形象期的主旋律

白White

白色 White［色彩故事］

开启白色婚纱时代的维多利亚女王：在欧洲的婚礼上，新娘要以金色婚纱为主，1840 年 2 月 20 日维多利亚与阿尔伯特亲王举行了盛大的婚礼，这本来是一场政治联姻，而他们在彼此深入的了解后真心相爱了。这一天女王穿着白色霍尼顿蕾丝，头戴橙花花环，美丽得如同仙子，白色因此贯穿了 200 年的西方婚礼文化，成为真挚爱情和完美婚姻的象征。对女王故事感兴趣可以看《年轻的维多利亚》这部电影。我们中国古代有大量描写白色纯洁美好的词语，如：凝脂、玉色、明月珰。

［色彩运用］

无彩色系具有融合各种色彩的能力，所以几乎人人可用，任何色彩和黑、白、灰搭配在一起都是和谐的。在运用时我们需要了解无彩色的表达，白色代表高雅、纯洁、正义和寒冷。白色的独到之处在于，无论什么色彩和白色搭配在一起，都会呈现出清爽感，例如大地色搭配不好容易显得黯沉，只要加入白色单品，立刻会让搭配变得清爽、明亮。

灰 Gray

灰色 Gray［色彩故事］

灰色在 200 年以前一直是被人类"抛弃"的色彩，它和"无聊、孤独、不友好、拒绝、不自信"画上了等号，人们也常用"灰色地带"去形容一些不好的地区或者事情。直到 1810 年歌德发表了《色彩规律》，打破了 100 年前牛顿用色彩回转仪做的实验，牛顿得出所有光的颜色混合在一起形成白色，歌德用实验证明这个实验得出的是灰色。在歌德的时代，闪光的色彩不占主导地位，白色被认为是女性最美的色彩，黑色是优雅男士的选择，情侣服饰应互补为灰色。到如今，没有哪个国家如同歌德的祖国德国那样热爱灰色服装，"灰色＝精致＝富有品位"，这是德国的时尚公式。

在名著《简·爱》中，女主角简·爱虽然身材矮小没有美丽容貌，却拥有着独立的人格、坚强的个性和一颗赤子之心。书中提到简·爱大多时候都穿黑色，但是在一些重要场合她会说："我最好的衣服一会儿就穿上了，那件灰色礼服是参加谭波尔小姐婚礼时买的"。就连和罗切斯特结婚时也选择了珍珠灰的丝绸。感谢这本名著，让和我一样从小没有美好容貌的姑娘拥有一个精神榜样，也让我从小对这个颜色心生向往，尤其是灰色。现代女性越来越爱这种素雅、具有都市感、低调有内涵的色彩。

［色彩运用］

灰色表达的是含蓄、现代、理性、典雅和考究。灰色的特别之处在于能够衬托出其他色彩本真的颜色。大家有没有发现很多美术馆、艺术馆的墙壁都是灰色调，因为灰色最能体现出艺术家本身想要表现的颜色。

另外，灰色特别受金融人士的喜爱。如果想要表现出智慧、成功、权威、诚恳、认真、沉稳这样的状态时，灰色都是非常棒的选择。建议女生在穿灰色衣服时，一定要注意，最好选择一些带有弱光泽的面料。切记，穿灰色一定要化妆，尤其是要涂口红，不然整个人会显得特别，没有精神，也会给人邋遢的感觉。另外，肤色暗黄或者在没有休息好的状态下尽量不选择灰色。

黑Black

黑色 Black［色彩故事］

黑色的色彩故事，让我想起白色故事中的维多利亚女王与阿尔伯特亲王，婚后的他们非常相爱，生了 9 个孩子，1861 年阿尔伯特亲王去世后，维多利亚女王悲痛欲绝，从此只穿黑色的衣服，甚至纪念 60 周年登基庆典也是穿黑色的，长子和女儿结婚时也是穿黑色的礼服！是的，任何场合都是黑色的！为阿尔伯特亲王守寡 40 年，直至 1901 年去世。如同画家康定斯基所说："白色为始，黑色为终"，1920 年香奈儿女士设计出简洁而奢华的小黑裙，成功地塑造了亦刚亦柔的独特女性气质，成功地让这个曾经只用于特定场合和特定人群的专用色彩用于更多场合和更多人群。香奈儿对黑色曾有过这样的评价："我常说黑色包容一切，白色亦然，它们的美无懈可击，绝对和谐，在舞会上，身穿黑色或白色的女子永远是焦点。"

［色彩运用］

黑色表达的是严肃、庄重、神秘感、高级感，还有摩登。比如我们要买一件 T 恤，在所有色彩中，黑色就会比其他颜色显得更加高级一些。黑色能跟所有颜色进行搭配，但是它的特色在于能够让其他颜色更加艳丽，更加强烈。黑色也是非常多的主管、白领、专业人士很喜欢的色彩。如果你想要表现权威、专业、品位，黑色是非常好的选择。另外，在公开场合演讲时、做创作时也适合穿黑色。如果想要表现与美、设计相关领域的专业感时都可以选择穿黑色。

## 3. 用有彩色系让你的衣橱画龙点睛

有彩色组成一个灿烂多彩的世界，这些美丽的有彩色不仅可以为我们的衣橱画龙点睛，还能为我们的生活增添更多乐趣，有助于我们建立良好的人际关系。

红Red

红色 Red［色彩故事］

红色是具有很强地位的色彩，如同古代的中国婚礼中正妻才能用正红，在欧洲国王加冕与教皇才能用普紫红。红色在古代是珍贵的染料，教皇与国王所用的红是拜占庭宫廷御用的染坊独家秘籍，用一种名为胭脂虫的爬虫染色，一公斤染料大约需要 14 万只胭脂虫，这种用胭脂红染色的衣服可以流传好几代，可见这种染料的珍贵性。

红色也是能够强烈表现人物性格的色彩，例如《红楼梦》中对于王熙凤形象的生动描写："头上戴着金丝八宝攒珠髻，绾着朝阳五凤挂珠钗；项上带着赤金盘螭璎珞圈；裙边系着豆绿宫绦双衡比目玫瑰珮；身上穿着缕金百蝶穿花大红洋缎窄裉袄，外罩五彩缂丝石青银鼠褂；下着翡翠撒花洋绉裙。"一个古代大家族中性格雷厉风行的贵妇人形象跃然纸上。

［色彩运用］

红色表达着热情和能量，当我们想要展现热情、生命力、勇气、自信、力量、毅力和安全感的时候，它都是非常好的表达。它适合的场合有：新年、年会、庆典、节日、大型场合。

日常通勤时的着装，红色可以用来点缀，但不能面积太大。想要在大型场合中展现出自信或权威，红色是非常棒的选择。

红色的禁忌：在进行谈判或协商事情时，运用红色要注意。大家都知道，我们在开车时，看到红灯的话就会停车，所以如果我们在谈判的时候穿红色，是会让对方特别小心防备的。如果预期可能会发生冲突或争执时，尤其不要穿红色，因为这会让对方更加容易冲动。

橙Orange

橙色 Orange［色彩故事］

橙色在中国古代"出镜率"很高，且名字美好又生动，我们一起来欣赏几句古代带橙色的诗句："美人荧荧兮，颜若苕之荣"，"苕荣"又称凌霄，是一种明艳动人的橙红色。

"落花纷纷稍觉多，美人欲醉朱颜酡"出自李白，"朱颜酡"常常用来形容美人喝酒后脸颊呈现出来粉嫩的橙色。

橙色除了用来形容美人，还常常用来形容美食。

"灼灼若朝霞之映日；离离如繁星之著天。皮似丹罽，肤若明珰。"出自王逸的《荔枝赋》；"春光放尽百花房，开到林擒与海棠""丹罽"与"林擒"都是用来形容食物的橙红色。

［色彩运用］

橙色表达着温暖、华丽、喜悦、幸福感，适用场合有聚会、晚会、户外活动、公益活动等，着装选择这种颜色能够给对方带来一种温暖感。另外，如果在恋爱中到了见对方父母的阶段，也可以选择一些橙色的单品，比如橙色的裙子、橙色的包包；如果你的肤色属于暖色，也可以选择橙色的上衣，会展现出你性格中的温暖与亲和。

在秋冬季时，我们的床单、被罩可以选用这个颜色，因为它会给我们带来一种幸福和愉悦的状态。

黄Yellow

黄色 Yellow［色彩故事］

对于我们中国人来说，黄色有着比较特殊的地位，我们是"炎黄子孙"；我们是"黄种人"；我们的文明从"黄河"开始。在我们的传说中，有一位伟大的皇帝创造了人类文明的起源，他的名字叫"黄帝"。每个朝代都有不同的色彩等级，秦始皇尚黑，周朝尚红，那么"黄袍"作为帝王专用衣着是唐朝才确立的。唐以后，皇帝不愿和百姓同着黄色，有了"庶不得以赤黄为衣服"。直到公元 960 年，后周大将赵匡胤发动陈桥兵变，众军士以黄袍加其身，拥立为帝。北宋建立后，黄袍正式成为皇权的象征，黄色亦成皇帝专用，这些历史为黄色增加了华贵的气质。

［色彩运用］

黄色代表快乐、年轻、开朗、高贵。一般职场穿搭中，黄色尽量与其他色搭配，以点缀为主，面积不要太大。在欢乐的场合，则可以大胆尝试黄色，比如生日派对、婚礼、同学会。黄色在色彩能量学还能代表个人影响力、承诺、抱负，如果你觉得最近想要提升影响力，或者是想要提升动力的时候，就多多尝试这个颜色的服装。

绿Green

绿色 Green［色彩故事］

在古今中外的文学作品中，有的诗人或作家用绿色来描写萌芽阶段的爱情，比如"青青子衿，悠悠我心""我们的相识尚在绿色阶段"。

有的作品中，描写欧洲中世纪的未婚女性为绿色姑娘，罗马人也认为绿色是爱情的象征，因为那是维纳斯的颜色，维纳斯是爱神、花园和蔬菜的女神。

我们还可以看到许多与爱情相关的绘画作品中有大量的绿色，例如《永久的婚约》《维纳斯的诞生》《阿诺芬尼夫妇像》。

绿色还代表了希望，古谚语有："日子越荒芜，希望越加点绿意盎然。"

［色彩运用］

绿色代表平和、安静、放松、包容，还有气度，适合运用在职场的服装与配饰的上。同时绿色也是一种具有艺术感的颜色，我们会发现有很多艺术家在自己的绘画作品中大量使用绿色，例如梵高和莫奈。

它还适合运用于艺术欣赏会、郊游活动和一些环保类的活动。

在日常穿搭时我们需要注意，如果肤色偏黄，那么绿色对于我们而言有些难以驾驭。在运用绿色时，可以把绿色运用在下半身或者饰品上，比如上半身穿白色的衬衫，下半身穿墨绿色的长裙。

蓝Blue

蓝色 Blue［色彩故事］

在色彩调查中，蓝色是大家最受欢迎的颜色；在不喜欢的色彩中，蓝色占比最小。蓝色代表忠诚，在英国的婚礼风俗中，要求新娘的嫁妆如下：

一些旧的，

一些新的，

一些借来的，

一些蓝色的——即忠诚。

当查尔斯王子和黛安娜王妃结婚时，"一些旧的"：新娘婚纱上的花边出自玛丽王后遗产的英国花边；"一些借来的"：王妃佩戴的头冠和耳环是她的母亲；"一些蓝色的"：阳伞上的天蓝色丝带，还有一条蓝色饰带缝入了裙子的腰带，新娘手持的花束里有被称为"荣誉"的蓝色花朵。除此之外，黛安娜王妃的订婚戒指镶有蓝宝石，也就是凯特王妃订婚时带的那颗。

在我们中国，有着精彩绝伦的蓝色色谱：天水碧、云门、柔蓝、碧落、孔雀蓝……这些名字总是如此生动，让我们在读到的时候似乎就看到了那抹蓝。蓝色对于我们黄种人也是格外友好，总有一抹蓝能够将你的肤色衬托的美丽可人。

［色彩运用］

蓝色代表的是希望、神秘、理性、科学、诚实、信赖、果断和专注，是非常适合职场中用的颜色。很多品牌都会选择蓝色作为自己品牌职场服装的用色。在出席活动、做报告、谈判时，非常适合穿蓝色服装；想要心情平静下来，或你需要对方听你讲话，蓝色服装也非常适合。比较深沉的蓝色，所表达的是更加强壮，更加有自信心。

紫Purple

紫色 Purple［色彩故事］

紫色是象征权力的色彩，在我国唐朝，紫色是三品以上官员的服色。在古代欧洲，穿紫色比穿金色成为更高等的一种特权。在古罗马帝国，只有皇帝、皇后和皇位继承人才能穿紫色染成的披风。大臣和高官只允许在长袍上点缀紫色的镶边，除此之外任何人不得穿紫色。紫色的珍贵也来源于它的染料，普紫色的染料来源于紫螺，也被称为"刺螺"，这种螺的黏液里包含了普紫色染料的初级成分，100 升的液体可以萃取 5 升染料，一个紫色的披风需要 300 万个紫螺做染料，可见它的珍贵。

［色彩运用］

紫色是非常高贵、感性、神秘和妩媚的色彩，适合用于酒会、约会、拜访这样的场合。如果在职场的话，也是要点缀使用，不能大面积的运用。如果想要与众不同，或者是想要表现浪漫神秘而又非常高贵的状态时，紫色都是很好的选择。如果场合选择不对，紫色有时候会让人感觉很高傲、矫揉造作，女性荷尔蒙太过强烈。

色彩可以成为表达自我非常强有力的方式，也有自我疗愈的功效。彩虹七色也正是我们人体脉轮的颜色，颜色是光的反应，色彩是具有能量的。所以当我们穿不同色彩的衣服，其实也是在补充不同的色彩能量，关于色彩更深入的学习大家也可以延伸阅读《色彩能量学》。

色彩是大自然的恩赐，了解了色彩表达后，我们可以更好地运用色彩，不仅用于服饰，更能用于日常生活中房间的装饰、卧室床单靠背的选择、餐桌上的食物之间的搭配，色彩学可以融入我们生活的方方面面。

## 4. 用色彩助力内在性格的表达

我们还可以运用色彩的明度来助力表达年轻朝气或稳重成熟的气质。

　　高明度色是指"浅、淡、亮、轻"的颜色，能表现"年轻、干净、清透、愉快、朝气和阳光"。低明度色是指那些看起来"深、沉、浓、重"的颜色，能表现"成熟、稳重、大气、经典、上品、高级和华丽"。

　　大家也可以将色彩的明度运用在不同的场合，例如在一些休闲的场合，想要看起来更加年轻有亲和力可以选择高明度的颜色。如果在职场中你想要表现出更加稳重成熟，就可以选择低明度的颜色。

明度表达前后对比

高明度　　　中明度　　　低明度

Before　　　After

　　色彩还有一个关键点就是它的艳与柔。

　　那么，什么是色彩的艳与柔呢？这就涉及色彩的纯度。

　　色彩的不同纯度能帮助我们打造出温柔低调或者热情活力的感觉。高纯度的色彩是指那些看起来艳丽的色彩，低纯度色彩是指那些看起来柔和的色彩。低纯度的色彩，就像颜色中加了很多水，或者加了很多各种各样的颜色，看起来很柔雅、很平和，能表达温柔、干净、素雅、细腻、都市以及低调。

很多影视剧中，会用艳丽和柔和来预示角色在经历人世沧桑之后性格的骤变。艳丽的色彩，它们看起来非常的醒目和个性，所体现的就是动感、活力、张扬、热烈、诱目和奔放。比如《绝代艳后》这部电影中，刚刚嫁入王室天真可爱的玛丽公主，用各种马卡龙的粉蓝、粉红色，随着玛丽孤独与空虚的皇室生活逐渐成为物欲横流的玛丽皇后时，改用艳丽的色彩更加凸显她内心极端的绝望。

再比如《杜拉拉升职记》，杜拉拉刚进 DB 公司的时候，服装的颜色都是柔和的低纯度色彩，等她一步步升职后开始穿紫色、大红色等艳丽的颜色来体现女主角性格和心理强烈的变化。

现代都市片《欢乐颂》这部片子里也运用了不同的色彩纯度来表达人物不同的性格，关睢尔文静内敛、知理懂事，整部片子里服装的颜色都是低纯度、低饱和度的颜色；安迪智商超群、气质出众，特立独行的她言谈举止精准如公式般，整部片子里服装的颜色几乎都是无彩色系；曲筱绡古灵精怪、真实犀利又有趣，让人又爱又恨，服装的颜色都是高纯度色，且风格较前卫，来显示她的个性。

用色彩表达内在并不是我们现代人的发明，早在我们的古代诗词中就有应用，如"秋水共长天一色""荷塘月色白""绿肥红瘦"等。再如，古代帝王祭祀时穿的上"玄"下"纁"，玄为天色，纁黄为地色，表达把一天的起和终穿在身上来代表对天地的敬畏之心。这样的故事还有很多，有兴趣的闺蜜们可以阅读《中国传统色——故宫里的色彩美学》这本书，感受更多的色彩力量。

不同的色彩可以有效助力我们生活的方方面面。学到这里，你成为自己生活的色彩顾问了吗？

（在公众号回复"色彩测试"获取色彩判断视频解析）

## 本章小结

亲爱的闺蜜们，在这一章里，我们进入色彩的世界，当我们开始运用色彩知识和色彩氛围，你会发现周围的世界都变得丰富和富有乐趣，大家一起跟着我做以下几个练习：

① 感受和观察不同色彩的环境，感受色彩的能量；

② 判断和感受自己的冷暖色，并开始用适合的色彩构建自己的衣橱；

③ 尝试用服装色彩表达自我。

完成的闺蜜们可以在微博上 @ 闺蜜力量晨曦，让我一起陪伴大家完成这趟美学进化之旅。

第三章

# 穿出你的独特风格

# 一、风格是一场自我探索之旅

从 12 岁第一次看时尚杂志起，我就对"风格"这个词倍感兴趣，"风格到底是什么"这个问题也伴随了我的整个青春时期。

风格是个大的命题，却又如此频繁地出现在我们的生活中。风格究竟是什么呢？

可可香奈儿说："时尚易逝，风格永存"；

伟大的思想家爱默生说："风格就是人品"；

法国作家罗曼·罗兰说："所谓风格是一个人的灵魂"；

中国作家老舍先生说："风格是心灵的音乐"；

德国哲学家叔本华对风格的诠释："风格是心灵的外在标志，是比一个人的脸更为可靠的性格标志"。

风格说来很深奥，却又在我们生活的方方面面呈现出来，每个人的眼、耳、鼻、舌、身都能够感受到风格。

眼：欣赏绘画时，有人喜欢达利的超现实主义风格，有人喜欢达·芬奇的文艺复兴风格；

耳：聆听音乐时，有人喜欢古琴中国风，有人喜欢嘻哈风格；

鼻：喷香水时，有人喜欢花果香调，有人喜欢木质香调；

舌：品尝美食时，有人喜欢麻辣火锅，有人喜欢清淡素食；

身：关于生活方式，有人喜欢热闹，也有人钟情清静。

这些都是风格，如果用专业术语说，风格呈现的是事物间的共性关系，例如我们会把"粉红色""公主裙""长相甜美的女孩"这些看似不同的人或事物归为一种风格。对于已经有了自我风格的姑娘们，会常常听到朋友们对你说："你看这件衣服上写着你的名字呢"，那么恭喜你，你的风格已经在大伙儿心中悄悄生根了。或许是受到身边朋友的影响，抑或是自己特定的习惯，总之这种累积多年的审美取向渐渐融入你的生活中，融入你的每一次购物中。

那么，风格如何在一个人身上由内而外地体现？针对这个问题，我的一位朋友给了我答案。

她是一位在大学教视觉传达课程的副教授，在教学之余背起相机在世界各地行走，快50岁的年纪把简约风格穿得格外有气质。

有一次我去她家里做客，感慨她的家就跟她一样极简又精致，那天我欣赏了她的衣橱，发现她最多的单品就是衬衫以及各种运动衣、瑜伽服。衬衫有白色、米色、格纹，几件针织衫，几件风衣，几件大衣，还有几套三宅一生的褶皱连衣裙以及几条剪裁精良的铅笔裙，再无其他。就是如此简单的衣橱，但每次见她都让我惊艳：极其简单的搭配加上小颗黑珍珠或者小颗钻石的耳钉，还有身上最大的装饰品——佳能相机。每次和她聊天收获都很大。

每次给学生讲风格的时候，我常常拿她举例，她就是罗曼·罗兰所说"风格是一个人的灵魂"的完美诠释吧。她将性格、生活方式、思维方式和穿着合而为一，这种由内而外通透的和谐美感让人深深铭记。

我曾经问过她："你是怎么做到浑然天成地塑造了自己风格的？"她说："年轻的时候我也尝试过各种各样的风格，鞋子有100多双，衣柜的衣服好多都没摘吊牌，但是当我经历了一些事情开始向内探索的时候，我开始把一些衣服、鞋子、包包送人，自然而然剩下这些，我觉得完全够了，风格就是你的作品，就是你的生活，就是你自己呀。"

"风格就是你自己。"这句话深深地印在我心里，每次讲形象学时我都会分享给我的学生们，现在也分享给大家。

关于风格的塑造，我认为会随着年龄的增加慢慢趋于统一。其实穿衣真的是一场自我探索之旅，我们从很多种风格中慢慢了解自己最喜欢又最适合的。就像我们选择职业一样，年轻的时候可以尝试多种职业，从做事中找到自己的优势，选择适合的领域然后深耕；年轻的时候可以多学习如何和恋人相处，在爱情中了解自己，知道自己想要的生活，找到你的Soulmate（灵魂伴侣）。

你会发现一切的源头还是自己——

从穿着中探索自己的色形质；

从工作中探索自己的天赋优势；

从爱情中探索自己想要的生活。

所以，二十几岁的你可以肆意地多多尝试各种风格并开启自我探索之旅；三十几岁的你可以开始建造自己的风格；四十几岁就可以逐步优化自己的风格。所谓建立风格，其实就是我们开始自立，开始为自己负责，开始探索自己，成为自己的过程。

# 二、由内而外的风格打造

## 1. 风格打造从自我探索开始

也许你会奇怪，一本写形象穿搭的书为什么要讲优势天赋这些内容？因为只有当你真正了解自己的内在优势，再用形象帮助你表达出来后，你才会打造出自己真正独特的风格，你会成为一张名片，这会给你带来更多的影响力。

我曾经有一位客户是一位美业品牌的创始人，她本身形象气质都比较出众，但还是希望通过形象的改变助力自己的事业，去吸引并招募更多的品牌合作者来开设品牌分店或入股投资。

平时她的形象透出的是一种时尚女性的气质，穿着时髦前卫，见过几次投资人后她发现自己时尚的形象反而没有了优势。如果她想要为自己的品牌招募更多合作者，那就要明确，除了年轻美丽外，更要体现独立、勇敢、坚韧等特性，所以她的形象需要透出干练、力量之美。

我帮助她挖掘自身优势后，她发现自己最大的优势就是：果断、有魄力，是一位实干型的创始人。因此在吸引合作者的阶段，就要突出她内在的创业优势，塑造出一位女创业家的形象。

正如杨澜所言："形象要走在能力前面"，英格丽·张说："你的形象价值百万。"现在很多小伙伴都想打造个人品牌，从形象这个部分同样可以助力我们的个人品牌，那就是——穿出你的内在品质和内在优势。

一个真正美好的形象是由内而外展现出来的。我们的内在优势就像从根本上了解自己是朵什么样的花，当我们了解到自己是朵玫瑰，无论这朵玫瑰被送去花店做鲜花、还是制作成玫瑰精油、抑或者做成玫瑰花茶，她的本质都没有变。

但是我们从小常常被教育的是倡导改善自己的劣势，这其实让我们痛苦不已。例如上学时我们花 70% 的时间去补习学不好的功课，却只用 30% 的时间去学自己真正擅长和喜欢的课程。这带来的惯性思维是，我们会认为自身的优势很难创造什么，反而不断去弥补自己的劣势。长此以往，我们不敢把自己喜欢的事情作为事业，会认为做不喜欢的工作就是理所应当的。

其实，关于挖掘天赋优势很像是找到自己的"出场说明书"，找到自己的生态位。生态位是传统生态学的概念，主要指在生态系统里，每一个物种都拥有自己的角色和地位，占据一定的空间，发挥一定的功能。鹰击长空，鱼翔浅底，没有两种物种的生态位是完全相同的。所以，是应该做天空中翱翔的鹰还是做水里遨游的鱼，这是我们每个人都需要去探索的。

为什么自我探索对我们如此重要？因为自我认知是一切智慧、一切学习、一切成长、的基础所在，老子在《道德经》中讲道："自知者明，胜人者有力，自胜者强"。古希腊阿波罗神殿上的刻着这样一句话："人啊，请认识你自己。"，

我曾经非常痴迷于找到自己的"说明书"。大概在 7 年前，处于迷茫期的我开始对自我挖掘的工具迷之热爱，从盖洛普、MBTI、人类图、VIA、到星盘和玛雅历，只要看到优势天赋挖掘的内容就立刻被勾起强大的兴趣。

关于自我探索，我想送给大家一段话：

"你需要先知道自己的方向，才能适时维护自己。不至于落得满腹怨言，怀恨在心。

你需要明确自己的原则，这样别人就无法轻易占你便宜。

你需要严格自律，信守对自己做出的承诺，并及时进行自我奖励，这样才能更好地信任和激励自己。

你更需要以成为更好的人为目标，好事不会自动降临，我们需要努力强化自己。

不要低估事业和方向的力量。他们能够将看似不可跨越的障碍转变成宽阔通畅的道路。

认真对待自己，重新定义自己，修炼个性，选择目标，明确存在。"

——《人生十二法则》乔丹·彼得森

## 2. 自我探索从优势挖掘开始

在帮助越来越多的女性设计个人形象后，我发现，形象设计是一个先认识自己再塑造自己的过程。我相信每个女生对自我探索都不陌生，不知道大家是否和我一样，从小学起就接触"生肖""星座""血型"与性格的解析，这就是我们探索的开始。

以下介绍几种多维度优势挖掘法，也是我在自我探索过程中实践过并在诸多案例中验证过的方法。

（1）询问法

询问法主要是用外部视角看到我们的优势，也就是我们日常呈现出的样子。那么要如何做呢？你可以发一条朋友圈，配上一张自己的自拍照，问一下大家："请用三个字形容我吧"，接着你会收获很多赞美。不要小看身边人的赞美，人们的直觉是非常准的。把大家给到你的关键词记录下来，看看这些词语的背后是否有着相似性和统一性。

我用询问法探索自己的时候，会收到"点子王""有想法""设计棒""有创意"等，这些词背后都有着"创意思维"这个优势。然而在自我认知中，我从未意识到自己是一个有创意的人，后来我开始留意自己的创意优势，现在这个优势在我的日常授课、咨询和研发中不断为我带来灵感，成为我最重要的一大优势。

（2）自由书写法

完成询问法之后，我们进入一种自我观察的状态。你可以看看自己的朋友圈、个性签名、口头禅，还有自由书写。大家把自己当作一个陌生人，去翻一下自己的朋友圈，你看一下，你会如何形容这个人，你会不会喜欢她呢？请把关键词也提取出来，当然也可以通过微博等，有时候你的优势就会在这其中。例如，你发现自己朋友圈的文字读起来特别美好，而且你写的很多句子都会被朋友拿来当作金句或者是个性签名，那你就好好思考一下，你是不是有文字或者是写作上的优势。

自由书写是我非常喜欢的一个自我探索工具。

著名作家娜塔莉·戈德堡在《写出我心》这本书中说："写作跟修行一样，都要学会信任自己的心，以专注、创意和开放的态度，回到当下正视内心真实的模样。"

所以你可以通过书写这种方式来深入探索自己。

让自己完全处于一种不会被打扰的状态，把手机调成飞行模式，准备好几张纸和一支流畅的笔。然后对自己进行提问，可以是任何问题："我的优势都有哪些？""我此生的使命是什么""假如我已经实现了财富自由和人生自由，我最想做的是什么？"等。

在写的过程中不要对自己做任何评判，不要思考能不能实现，只用跟随内心，你会越写越渐入佳境，慢慢挖掘到最让自己心动的那句话。

例如：假如我已经实现人生自由，我最想做什么？这个问题我回答到第 55 条答案的时候，让我怦然心动的句子出现了："帮助更多女性活出由内而外的美好和丰盛。"此刻的我正在为这个使命践行着，这个维度就是内部视角探索自己。

（3）SIGN 法

SIGN 这个工具来自全球最具影响力的 50 位管理思想家其中之一马库斯·白金汉，他也是优势理论的创始人。马库斯认为，很多人其实在很早的时候都已经接触到过自己的天赋，但是都没有真正上过心，在他的著作《发现你的职业优势》这本书里，他提出了寻找优势信号的 SIGN 模型，我们的优势其实就隐藏在这些信号的背后。

"S"即 Success（成功），代表自我效能感很强，觉得自己肯定行。这个比较容易理解，比如我们在上学的时候，一接触到物理，就觉得这个科目肯定能学得很好。再以我自己为例：2014 年我爱人创立了珠宝品牌后，我去工厂看了设计，强烈的效能感就出来了，我也开始尝试帮他做设计，为品牌设计了一百多种款式，其中很多款式都非常受欢迎，这个就叫自我效能感高，你对于某件事特别坚定你能够做好。

"I"即 Insight（领悟），代表自动自发，迫不及待地想要尝试。比如有一些特别喜爱音乐的人，每天会练习声乐；如果是不喜欢的人，可能会觉得这个非常枯燥。但是"I"很高的人却能乐在其中，而且不用别人提醒，自动自发地就要每天去练习。

"G"即 Grow（成长），就是你发现自己学得很快。

"N"即 Need（需要），就是事后充满了满足感。过程中有一种完成了这件事，就觉得本身得到了回报的感觉。例如，杨丽萍认为"跳舞就是对跳舞最好的回报"，78 岁才被世界看到的原始派画家摩西奶奶说"画画就是对画画最好的回报"，这种状态就是 N 很高。

这四项符合的越多，就越有可能会发展成为你强大的优势。

大家可以用一张 A4 的纸横向、纵向对折成四块，在每一块分别写上 S、I、G、N。回想一下，从童年、小学、中学、大学到现在，都有哪些经历是 SIGN 都非常高的。这个过程需要 20~30 分钟，建议大家找一个比较安静的环境，把自己的 SIGN 经历书写出来。我有很多学生，她们的重要优势就是通过 SIGN 书写和整个优势挖掘的练习之后，更加坚定了自己所选择的道路，为自己按下了确定键。

（4）游戏电影法

下面我们用一个轻松的游戏电影法来挖掘优势。很多人在休闲时都会玩一会游戏，你在游戏中爱用的角色、你的游戏习惯，包括你的口头禅，都会隐含着你的优势。比如有些女生特别喜欢玩"连连看""天天爱消除"这类的游戏，很有意思的一种现象是，有些小伙伴闯的关不多，但必须每一关都是三颗星，说明这类人对自己要求特别高，有一些完美主义倾向。有些人无所谓得几颗星，只要能在排名榜上看到自己的名字就行，说明这类人的竞争意识比较强。

有一段时间我常常和一起创业的朋友们玩游戏，发现非常有趣的是大家选择的人物角色和日常工作异常吻合。例如一起玩《王者荣耀》，有的人特别喜欢用血多，不容易死的角色，需要近距离地去厮杀，他们会觉得很爽，这类人的性格一般在生活中表现为活力十足，但常常缺乏战略性。还有一些人特别喜欢玩需要远程进攻且具备团队领导者的角色，例如后羿这样的角色，这种类型的人就比较喜欢荣誉感、带领性。我刚才说的这些游戏中，它都蕴含了类似于战略性、行动力、荣誉感、团队意识、完美主义、竞争优势这些关键词。

如果你不喜欢玩游戏，那么可以试一下"电影法"。列出你喜欢的电影清单，从电影清单中的类型去寻找一些线索。如果有特别喜欢的电影，就可以多问自己一句，喜欢的原因是什么？这种探索方式的灵感来自我的一位朋友，她特别喜欢宫崎骏的动画，特别喜欢《借东西的小人阿莉埃蒂》这部电影，主要讲的是一位生活在郊区房子底下的身高只有十厘米的 14 岁少女的故事，类似于我们小时候在童话故事里读到的《拇指姑娘》。我这位朋友，大学时期学习的是雕塑，本来对自己的人生计划就是研究生毕业后留校做美术老师，但是因为这部电影的启发，她开始做微缩景观，也就是电影中主人公住的房子，用的器具等。没想到她的微缩景观先是在学校获了奖，然后代表学校去参加了国际大学生艺术节交流活动，现在在德国留学，她的很多微缩景观的作品都获得了大奖。

看电影能够让整个人的感官全部打开，可以更好地帮助我们寻找到优势信号。大家可以从喜欢的电影或者是书籍去寻找这样的共性关键词。有些人特别喜欢侦探类的作品或影视剧，那么逻辑力或许会是你很强的优势。

另外，为何大多形象设计师都喜欢《公主日记》《风月俏佳人》《选美特工》《丑女大翻身》这类电影？因为这些电影中都有灰姑娘变身的桥段，形象设计师对于帮人变美这件事始终保持着超强热忱，所以对于这类电影会相当喜爱。

大家在探索自己优势的过程中也不用立刻找到结果，探索优势不是考试，没有标准答案，最重要的是感知自我和如何定义你自己。

（5）工具法

如果你想要更进一步地了解自己的优势，也可以用一些工具法。例如：Myers-Briggs Type Indicator，中文名为迈尔斯布里格斯类型指标，简称 MBTI。这个指标以瑞士心理学家荣格划分的 8 种类型为基础，加以扩展，形成四个维度，16 种人格类型。MBTI 是很多公司入职前需要做的测试，以便让人力资源部更多地了解你。需要注意的是，16 种类型中没有优劣之分，也不能证明哪些类型就一定适合哪些岗位，仅仅是我们更多的自我了解和探索工具罢了。

霍兰德职业兴趣自测（Self-Directed Search）是由美国职业指导专家霍兰德（John Holland）根据他本人大量的职业咨询经验及其职业类型理论编制的测评工具。霍兰德认为，个人职业兴趣特性与职业之间应有一种内在的对应关系。根据兴趣的不同，人格可分为研究型（I）、艺术型（A）、社会型（S）、企业型（E）、传统型（C）、现实型（R）六个维度，每个人的性格都是这六个维度的不同程度组合。

在哈佛幸福课中，提到一种应用自身人格力量来获得积极心态、对抗逆境的方法。24 种人格力量测试 VIA（行动价值协会）性格力量手册是由 Seligman 和 Peterson 提出，主张通过鉴别人的美德、力量与长处，并利用这些人格力量来获得积极的心态、实现自我和谐的奋斗旅程。

全球顶级咨询 / 调查机构盖洛普，在长达 70 年的时间里，致力于测量和分析人的态度、意见和行为，得到世界各国政府和商业机构的认可，被公认为世界权威。历时 50 年，开发出独一无二的优势测量工具，个人发展、组织管理的科学解决方案——优势识别器，30 分钟测试帮你理性认知自身优势。

类似的测试工具还有很多，大家可以在网站上搜索关键词即可获得测试的地址，有些网址收费有些免费。这些量表收获到的关键词或许会让你从新的视角越来越了解自己。

### 3. 收获你的内在优势关键词

大家可以根据上面的方法选择其中几种，也可以是你在其他领域自我探索到的关键词完成下面这个模型。

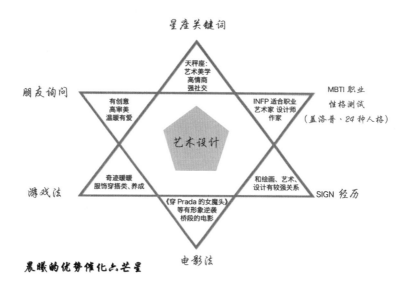

晨曦的优势催化六芒星

这个模型源自我和公公的一次聊天。他认为，人与人之间的相处之道就是找到你和那个人的最大公约数，也就是相似之处，还谈到要了解自己的最大公约数也就是自己的优势。我的脑中就出现了这个六芒星图案，于是立刻着手把自己的六芒星画出来，自己的优势也清晰许多，后来我把这套方法带到了我的线上线下课堂，很多小伙伴都反馈，做完这个优势天赋六芒星，更加坚定了自己的优势。

当你完成优势催化六芒星后，会发现很多信息都是贯穿的。例如我在自我探索期间的优势天赋六芒星，艺术和设计这两个部分有些是重复的，MBTI 中 INFP 的人格就是艺术家型的人格。我喜欢的游戏类型都是各种服装穿搭、养成类的，例如奇迹暖暖、模拟人生。我最喜欢看的电影，都是有着形象逆袭系列桥段的，当我开始探索关于小学、中学、大学和 30 岁左右的 SIGN 后也常出现关于艺术和设计的部分，做完这些之后，我的内心更加笃定有力量。在培训过程中，做完优势天赋六芒星后的学员常常给我这样的反馈：我终于给自己按下了确认键！

其实我们的内心都会或多或少的知道自己的优势天赋，但是我们不够坚定，因为我们的大脑常常是那个最严厉的判官，它总是不相信我们的优势天赋是真的。我们做各种各样的量表，收集自己从小到大的事件，找到六芒星的核心关键词都是为了让我们的大脑相信。

因为只有心与脑共同相信，才能达成配合，才能做到心手相应，知行合一。

那么，我们可以不发挥天赋和优势吗？美国存在心理学家罗洛·梅的研究表明：任何一个有机体不能实现他的潜能，它就会生病，如同我们双腿一样，不走路就会萎缩，同时整个身体都变得虚弱起来。

所以了解自己的内在天赋是如此重要，了解后我们需要浇灌天赋，就像我们拥有了一颗天赋之花种子，把它种在土地上后需要浇水、施肥，浇灌天赋如同浇灌花园才能开出天赋之花。

（在公众号回复"优势挖掘"获取自我探索工具）

# 三、找到属于你的风格地图

## 1. 定位你的风格

和色彩相比，风格更能塑造我们的内在优势。三毛用波西米亚风格的大披肩表达出自由洒脱；张爱玲用中式旗袍体现了那个时代的传奇，你想用什么样的风格去表达你的生活呢？

让我们以形象设计师的眼睛和大脑，从最简单的面部轮廓来走进风格的世界。

在影响我们风格的外在因素上，形象设计师会根据我们的轮廓、五官、身材、眼神提炼出不同气场和不同气质的关键词。根据对不同人物具备的相同风格特征进行比对，会发现具备相似风格的人在五官比例及身材眼神中会传达出相似的信息，下面就尝试用风格地图来帮助大家找到自己的风格。

前面我们有提到，设计师之眼照镜子的关键点有以下几个方面：

（1）素颜面对化妆镜保持 20cm 左右的距离；

（2）把头发梳起来露出整个面部，注意把刘海也梳上去；

（3）穿白色低领的衣服，露出脖子；

观察要点：观察我们的脸型、眼神、面部骨骼特别是下颚线和颧骨，判断出"理性型""感性型""适中型"。

轮廓的直曲对于亚洲女性来说非常重要的。"理性""中性"和"感性"的气质不同，穿衣搭配上的风格也不同。

那么，如何判断自己的风格呢？

理性型特点：

眼神：睿智的，非常直接，有力度；

五官：有立体感，五官多为线条感，例如眉骨明显，长形眼，薄嘴唇等；

脸型：骨骼感强，有明显下颌骨或者颧骨；方形脸，长方形脸比较容易出现理性型；

适中型特点：

眼神：平和、大方的；

五官：比例均衡；

脸型：骨骼感比较适中，没有明显的线条感；

感性型特点：

眼神：感性的、生动的、有女人味；

五官：柔和；

脸型：骨骼感弱，圆形脸、瓜子脸、倒三角形脸容易出现感性型风格。

对风格影响比较大的还有我们呈现出来的年龄感，这由什么决定呢？是一个人的印象和气场，有些女生在人群中迎面而来的是一股强大气场，有些女生却给人可爱活泼的印象。年龄感其实与年龄无关，和气质有关。

此外，风格还会受到五官比例的影响，例如当中庭（从眉毛到鼻底）的长度过长的话，会比较容易呈现出一种熟龄感；如果中庭所占比例偏短，比较容易呈现出幼龄感。比如1994版《武则天》中，著名化妆师毛戈平老师为刘晓庆化妆造型中，就运用了五官比例调整和超强的化妆技术，四十岁的刘晓庆从十四岁的少女演绎到八十多岁一代女皇，随着女皇年龄的增加中庭在化妆过程中不断被拉长。

所以我们可以根据自己的气质印象表达年龄感。

熟龄感的特征：沉稳、大气、存在感强，从小就看起来比同龄人大，被人形容气场十足，例如宁静、斯琴高娃、凯特·布兰切特、梅里尔·斯特里普。我们根据熟龄感的特征，会发现她们的五官都是均匀长开，中庭略长。

幼龄感的特征：年轻、活泼、可爱、清纯，从小看起来就比同龄人小，常被形容可爱、甜美，很招人照顾的感觉。例如赵丽颖、陈妍希、杨钰莹、泰勒·斯威特以及最著名的童颜超模莉莉·科尔。我们可以观察她们的面部比例，都会有中庭偏短且两眼间距略宽的特征。

适龄感的特征：稳重、大方、知性，给人很舒服的印象，例如高圆圆、孙俪、刘诗诗、索菲亚·科波拉、凯特·米德尔顿，她们的三庭五眼呈现出很均匀很适中的印象。

你会发现每一种特征都有各自的优势和共性关系，所以每种风格所穿的服装也各有特色。

## 2.风格塑造方案

为什么演员能驾驭这么多种风格，仔细观察你会发现，她们穿不同风格服装的时候演绎出的气质是不一样的。比如能驾驭多种风格的女演员周迅，她在穿清新风格的服装时能够呈现出灵动的少女感；她在穿时尚大气的服装时，在造型团队的塑造及她的演绎下又能呈现出率性和力量感。

我们不是演员，不需要演绎那么多种风格，只需要把我们所拥有的气质通过服饰更好地呈现就好。

学习了风格定位后，该如何穿搭呢？

我们还是从两个维度来讲，第一个维度是"理性"和"感性"的不同穿搭。

体现理性型的穿搭：整个视觉上给人感觉很帅性、潇洒、硬朗，有一点点中性化的特征。色彩多用给人理想感的冷色调，比如蓝或绿色，或者黑白灰。款式上，多用 H 形，或者是 T 形，流畅规则的设计，或者从军装中汲取细节，例如肩章、领型。除此之外，西装的各种领型，也非常适合打造理性型穿搭。

面料的材质选择偏硬朗、偏挺括，图案多用条纹、几何图形等直线条图案。直线型服装会比较收敛女性化的身材特征，特别适合女性在职场中应用。

理性穿搭风格的明星有：凯特·莫斯、维多利亚·贝克汉姆、李宇春、刘雯等。

体现感性型的穿搭：服装看起来非常甜美、优雅，很有女人味。色彩多选用暖色，比如红、橙、黄、粉这类女性荷尔蒙丰富的颜色。款式多选 X 廓形，或者收腰放摆形。在材质上，多选用柔软细腻的布料，比如蕾丝、丝绸等。图案多选花卉图案，有曲线感和弧度的线条。需要注意的是，感性型风格穿搭品质感要突出，如果服装材质不佳会显得过于媚俗。

感性穿搭风格的明星有：玛丽莲·梦露、伊丽莎白·泰勒、斯嘉丽·约翰逊、李玟、温碧霞等。

第二个维度从"幼龄感"（可爱、青春）"熟龄感"（大气、沉稳）和"适龄感"（知性大方）来讲。

体现适龄感穿搭：色彩大多淡雅，长度在膝盖上下，款式可以选择基本款，饰品的选择上较雅致，手包大小适中，色彩浅淡。整体装扮稳重、大方、知性。英国凯特王妃是这类穿搭法的教科书版本。

体现熟龄感的穿搭：单品选择大气的、气场感很足的。能够体现熟龄感的服饰中，色彩以深色为主，深色选择明度比较低，款式体现为大、长，且要比较宽松，质感比较厚重，图案较大较夸张的。

体现幼龄感穿搭：以浅淡的颜色最能体现，款式可以选择小号、短款、紧身、高腰线的设计，图案可选择小巧细碎的；多装饰、散点设计的款式或者学院风格的款式也是不错的选择。

这两个维度中的"适中型"和"适龄感"，都属于稳重、大方的气质风格，色彩以柔雅的色调为主，建议少装饰，多选择雪纺、针织等面料。（公众号回复"风格测试"获取风格判断视频解析）

接下来我们进入"个人品牌穿搭术"，大家会对以上的描述有更清晰的感受。

# 四、风格升级——个人品牌穿搭术

由凯特·布兰切特主演的电影《宣言》，其中凯特一人竟分别饰演 13 个角色，从 CEO、女教师、母亲、摇滚明星、科学家、舞蹈艺术家、股票经纪人、新闻主播、流浪汉等。凯特女王炸裂的演技不仅让人目不转睛，更让人震撼的是她扮演的这 13 个角色形象。

这部特别的电影非常生动地说明了妆容、服饰、发型对一个人的改变。透过装扮我们多少能猜出每个角色的职业、性格和生活状态，所以形象本身其实已经是一种讲故事的方式。

我们的生活也是如此，我们的形象也在讲述着关于我们的故事。如果你想要讲一个霸道女总裁的故事，那么粉色碎花裙是无法帮助你演绎出来的。你的沟通成本就会变得很高，同时需要用更卖力的"表演"才能让人了解到你的干练和能力。这里要讲一种心理学常识，由心理学教授艾伯特·麦拉宾长达 10 年的研究后得出的"7/38/55 定律"。即人们对一个人的印象，只有 7% 是来自于交流时的语言内容，38% 来自于交流时的语气语调，55% 来自外表、装扮与肢体、手势等。

所以当我们每天精致得体地走出门去，在我们没有开始说话的时候，我们就已经获得 55% 的影响力，而我们放弃这种表达，实际上我们的沟通成本就会变高很多。

因此我们要清晰想要透过穿搭表达的是什么，根据不同场合的需要体现不同的关键词，这需要搭配不同的服饰。

这种穿搭方式非常符合个人品牌的打造，无论是你个人品牌的照片还是你出席的场合，你展现出来的形象举止都和你的个人品牌息息相关。

个人品牌这个词，我相信大家都不陌生，已经被我们津津乐道了很多年。美国管理学者彼得斯有一句被广为引用的话——21 世纪的工作生存法则就是建立个人品牌。个人品牌是指个人拥有的外在形象和内在涵养所传递的独特、鲜明、确定、易被感知的信息集合体。

讲到这里，大家很容易能够感受到的是，我们在设计的是非常具有个人品牌的风格塑造，正如前面讲的"风格是事物间的共性关系"，你想要的个人品牌表达会有共性的色彩和款式及细节。

个人品牌建立的重要性有哪些呢？

首先，个人品牌建立的过程是我们每一个人自我探索和自我认知的过程；

其次，个人品牌是伴随终身的信任感和对他人的影响力，在未来的职场，你的职场价值不是由你所在的公司或平台决定，而是你的个人品牌主导；

此外，个人品牌的力量可以放大你的职业优势，更容易让人看到你的职场价值，带给你意想不到的溢价。

所以，"未来的商业，不再是渠道的竞争，不再是价格的竞争，而一定是品牌的竞争"，这里的品牌，不仅仅是指企业的品牌，还包括你的个人品牌。

那么个人品牌中最重要的环节是什么呢？答案是定位，而定位最核心的部分是自我认知，定位不是做人设，一个设计出来的人设是没有生命力的，就像一朵塑料玫瑰。真正的定位是找到你的优势、天赋和内核。所以我们需要做的形象设计是"个人品牌式的形象设计"，一种由内而外的表达。这样的表达让人感受到的"美"不仅仅是皮囊的美，更是由内而外升腾出的品质。这里的品质并不是指道德品质，而是精神内核。

大家可以根据内在挖掘出来的优势加上设计师视角的风格定位，找到你目前个人品牌想要表达的关键词。我也根据日常帮助大家塑造个人品牌的穿搭技巧给大家总结了8套穿搭公式，对应8种风格的女主角，她们内在气质非常符合这些关键词，身高均在155cm~168cm之间，对于大多数女生有很强的借鉴性。她们为大家演绎出每个风格的穿搭要点，并且为大家展现出不同风格关键词的不同魅力。热点和流行永远踩不完，但是属于自己的风格永不过时。

## 1. 可爱风格

当我们的个人品牌关键词中有：年轻、活泼、可爱，我们可以跟着风格女主角王彬的穿搭来学习，比如字母 T 恤，小短裙，也可选择各种小的碎花或者小爱心图案的服装；还有，粉嫩色、小翻领连衣裙与背带裤也是比较减龄的单品。

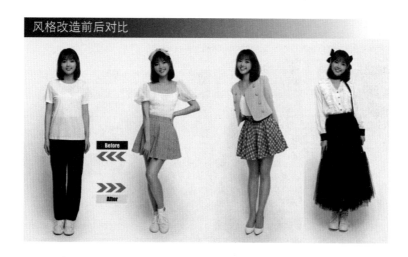

［打造关键］

色彩：选用高明度的色彩，例如可爱的粉、浅蓝、马卡龙色调；

款式：偏小偏短，腰线偏高的设计，圆领、蓬蓬裙、小翻领等；

配饰：蝴蝶结、波点、数字、字母等比较细碎的小装饰；

材质：柔软轻薄的质感；

图案：小碎花、小圆点、小动物、小爱心、小水滴等；

需要注意的是，这类关键词比较适合 25 岁以下的女生，建议 25 岁之后加入气质风格的行列。

## 2. 干练风格

当我们的个人品牌关键词中有：干练、简洁、气质、时尚感等词时，可以学习子苏老师日常街拍的风格，她总是给人简洁的时尚，从她的穿搭中会发现她喜欢用无彩色系黑白灰搭配墨绿、靛蓝，款式多用直线条的简洁裁剪，配饰常用帽子、方形包，鞋子选择高跟鞋。

[打造关键]

色彩：多选用蓝色调、黑、白、灰、裸色、棕色系；

款式：多用 H 形，或者是 T 形这类直线形剪裁，领型可选择西装领和立领；

配饰：多选择直线形几何图案的饰品，例如菱形、方形、长方形等，服装上还可以有铆钉、徽章、拉锁等金属装饰；

材质：挺括厚重的面料；

图案：清晰的格纹、条纹、几何图案。

### 3. 典雅风格

当我们的个人品牌关键词中有：稳重、大方、传统气质、典雅等词时，可以多选择基本款，大家不要觉得这种风格很平凡，无论是凯特王妃还是梅根王妃都是以这类风格为主，跟着风格女主角陶子来进入典雅风格的穿搭要点。

［打造关键］

色彩：可选用黑白灰或者大地色、裸色等，色彩不宜艳丽；

款式：多用 H 形，款式设计剪裁精良、考究；

配饰：多用传统精致配饰，例如丝巾、珍珠胸针等；

材质：精致挺括感面料，有上品的光泽；

图案：均匀排列的图案、有文化背景和历史感的图案。

## 4. 个性风格

当我们的个人品牌关键词中有：醒目、个性、创意、天马行空等词时，可以学习风格女主角 Yuki 的穿搭，这个风格擅长混搭和廓形的运用，可以选择不规则的设计感服饰。妆容也可以更加有风格，例如拉长眼线，不对称的发型。

［打造关键］

色彩：没有限制，对比度和高纯度均可；

款式：不规则的设计感，左右不对称的设计；

配饰：夸张设计感强的配饰；

材质：高科技面料、闪光涂层面料、人造皮革皮毛、亮光漆皮，能体现未来感、金属感的面料；

图案：清晰对比的图案、时尚的条纹、动物皮纹、抽象图案。

## 5. 柔美风格

当我们的个人品牌关键词中有：柔美、平和、安静、优雅等词时，可以多看一些韩国的熟女穿搭，色彩以柔雅的色调为主，多用雪纺、针织等面料，让我们来看看风格女主角爬爬潼的穿搭。

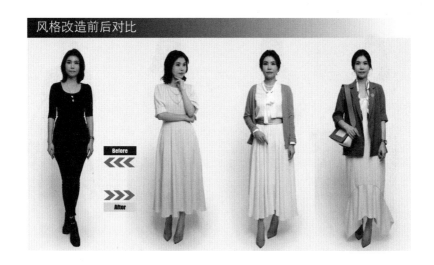

［打造关键］

色彩：浅淡的、柔美的女性韵味的色彩，例如柔和的大地色系、紫色、粉色、浅灰、白色；

款式：曲线剪裁、含蓄的表达女性特征、长款针织衫、长袍类；

配饰：精致的配饰，例如丝巾、珍珠；

材质：柔软的弱光泽面料，例如丝绸、雪纺、细腻的针织；

图案：舒展的弧度线条、藤蔓类花草图案、圆点、静态图案或者模糊的，例如水墨画印象的，或者渐变的图案。

## 6. 洒脱风格

当我们的个人品牌关键词中有：清新、大方、自由洒脱等词时，来看看风格女主角穗的穿搭。多以宽松的 H 形为主，色彩也多以驼色等大地色系为主。

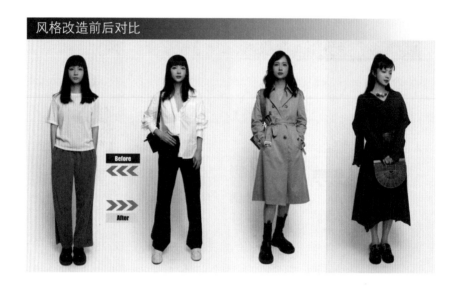

［打造关键］

色彩：多选用大自然中加了灰色调的色彩，例如棕色、墨绿色等；

款式：H 形、O 形轮廓、廓形不明显、不宜紧身；

配饰：可以选择自然类材质制作的配饰，例如木质类、贝壳类；

材质：自然风格、哑光自然光泽、可以有明显肌理，例如棉麻，有肌理的针织；

图案：花色格纹、自然植物、印染水墨、图案色彩对比度弱，图案不宜过小。

## 7. 浪漫风格

当我们的个人品牌关键词中有：甜美、女人味儿、浪漫、迷人等词时，可以学习风格女主角星辰的穿搭。她用色非常大胆，特别是橙色及红色，款式收腰放摆，多用花卉图案，设计中常出现显身材的褶皱。

［打造关键］

色彩：多选用艳丽的色彩，比如红、橙、黄、粉这种女性荷尔蒙色彩很多的颜色；

款式：款式多为收腰放摆显示身材优势的款式；

配饰：精致的设计，可多用闪光配饰；

材质：轻薄、透明、柔软、细腻，各种有飘逸感的面料、有褶皱感的面料以及蕾丝面料；

图案：花卉蝴蝶类的图案、镂空设计、精致细腻的设计图案；

## 8. 大气风格

当我们的个人品牌关键词中有：大气、沉稳、成熟、气场感等词时，可以学习风格女主角刘蓉的搭配。色彩深沉，轮廓大有气场的设计，夸张配饰。

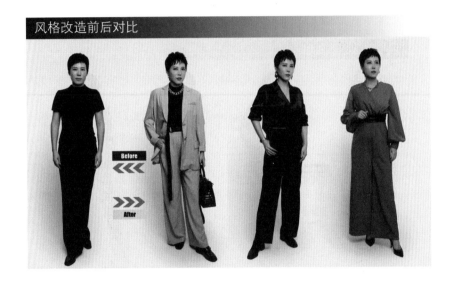

风格改造前后对比

[打造关键]

色彩：用色上颜色可以深一些，或者多用无彩色系，如黑白灰，饱和有视觉冲击力的对比颜色；

款式：大气摩登的款式细节、焦点设计、集中装饰；

配饰：设计夸张的配饰；

材质：厚重夸张的肌理的面料；

图案：大号图案、色彩对比强烈的图案、几何图案、抽象图案、动物皮纹。

# 五、提升风格品位四部曲

### 1. 用故事思维赋能你的个人风格

在前面的内容中，我讲到一位内外兼修的教授，她将极简风格运用在生活中的方方面面。这里我再举一个身边人的例子：

闺蜜力量联合创始人 Yuki，也是我们的大运营。无论是工作中小到一次的分享，大到一次女性论坛，还是生活中给人一个惊喜，你会发现她做任何事都带着"喜悦"的能量。在每一期《为想要的生活而装扮》开营日，她会给整个班级，包括所有老师和助教写不同的信，她写的时候特别快乐，我们收到也非常开心。我收到过很多她的信，其中有一封是给未来的我。我超级喜欢和她在一起，无论是工作还是旅行，她总是给我们带来很多惊喜和喜悦。遇见困难也特别会自我赋能，她的喜悦之所以带着力量不是因为她不谙世事，恰恰是因为她在童年的很多经历慢慢让她和家人一起学会用喜悦面对所有困难。这就是品质，当你探索到的时候你会拥有一份特别大的礼物，因为这才是个人品牌的核心关键点。

因为在竞争激烈的某一领域，你会发现技能和思维同级别时，拥有个人品质的人会超出同类人太多太多。

个人品质核心关键词也能够用色彩表达，表达喜悦、快乐的颜色有黄色、橙色。Yuki 也是我身边见到把充满欢乐的"黄色"穿的最好看的人。

这本书提到的关键词穿搭法的时尚博主及明星们，她们各自的风格都离不开她们的精神内核。例如著名华裔时尚博主 Margaret Zhang，年纪轻轻的她已经在时尚圈闯荡多年，拥有各种闪亮的头衔和成就：时尚博主、造型设计师、摄影师、模特、买手、艺术总监、时尚节目主持、《Harper's Bazaar》澳大利亚版专栏作家，给 Gucci、Louis Vuitton 和 Chanel 等大牌拍过时尚大片，是时尚芭莎的创意顾问。然而大学她学习的是商业与法律专业，了解她的经历就会明白为何她能够把"天马行空的、创意的、个性的"各种混搭风格穿得如此有味道，因为她本身就是一个跨界的高手。

当你真的走近每一位时尚博主，就会发现她们不仅仅是靠着会穿而走红的。再说说另外一位我非常喜欢的时尚博主 Wendy Nguyen，身高只有 155cm 的她并没有绝美容颜，却一直是时尚博主中的常青树。在 YouTube 上"5 分钟内学会 25 种围巾系法"的视频点击率高达 3400 万。随后一直保持更新的 Wendy 把自己的身高作为自己打造的核心，成为全网"矮个子穿出 170cm 既视感穿搭技巧"教科书般的存在，连国际时尚杂志都引用她的照片和穿搭技巧。

和许多小伙伴一样，曾经的我也以为这些博主们都是出身显贵家庭，靠着买买买和穿穿拍拍就火了，起初因为 Wendy 的穿搭技巧成为她的粉丝，后来了解到她的人生经历开始越来越喜欢她。

来自越南的 Wendy 出生在一个异常贫困的家庭，常常饿到要去垃圾桶找食物。Wendy15 岁时，父母已无力继续抚养她和弟弟，他们只得被政府强制送到不同的寄养家庭，她一边上学，一边连打 3 份工，晚上又学习至半夜，周末全天都在饮品店打工。因为刻苦努力成绩又优异，她不仅被美国伯克利大学 [1] 录取，还获得了全额奖学金，开启了新的人生。

Wendy 大学选择了心理学专业，她希望未来能够帮助更多寄养家庭的孩子走出内心的困境，她也真的做到了。或许正是因为这样的人生经历可以让身高矮小的 Wendy 穿出 170cm 的既视感，因为她拥有着强大的内心和坚定的勇敢。

没有独立于人生经历所塑造出的个人风格，明白这个道理就会更加了解三毛为何塑造了自由不羁的波西米亚风格，张爱玲为何把旗袍演绎出万种风情。那么你呢？你的人生经历准备用什么风格来谱写？去书写你的个人故事吧。

其实这蕴含了很重要的个人品牌打造技巧，这一步是在扩大个人品牌影响力——讲故事。

比如中国最大的"讲故事"行业——电影行业，在 2019 年一共创造了 1037 个故事，642.66 亿的票房，平均每个故事价值 6000 多万。人的大脑天生不喜欢听干货，天生喜欢听故事，而好的故事就像长了脚，是能自己跑的。所以我们能够听到跨越千年的故事。

我记得 2017 年时我邀请一位大 IP 来海南做课程分享，在送她去机场的时候我问她如何做到这么大的影响力，她跟我说："晨曦，如果你想打造自己的个人品牌就是把你的故事讲 100 遍，1000 遍，不要觉得你讲几遍大家就知道了，你要不停地讲，你就有了个人品牌，我就是这么做的。"

每个平凡的人身上都有自己的不平凡。

那时候的我还没有讲故事的意识，授课也从不讲自己。听了大 IP 的话，我开始讲自己的故事。半年后，开始有越来越多的品牌邀请我分享、授课。因为我的名

---

1　美国伯克利大学，位于美国旧金山湾区伯克利市，是世界著名公立研究型大学，在学术界享有盛誉，位列 2016 年 ARWU 世界大学学术排名世界第 3、USNews 世界大学排名世界第 4。

字里有"晨曦"两个字，学生们叫我"小太阳老师""太阳能老师"。

为什么故事思维如此重要，大家有没有发现中学历史课本中的历史年表你早已经忘记，但是你能记住那些有趣的历史故事。如果你喜欢研究历史，就会发现一些帝王称帝也因为他们有很会讲故事的群臣；如果你喜欢研究品牌，就会发现每一个大品牌都是讲故事的高手，比如万科王石爬珠峰的故事，新东方俞敏洪的故事，香奈儿的故事，很多品牌都是通过故事来传播的。

所以大家如果想打造有影响力的个人形象，要经常讲自己的故事，并且从故事中挖掘自己的关键词，用形象表达出来。这样增加的情感链接，会更好地传播你的影响力。

## 2. 风格是一种放弃

很多女生非常希望自己能够驾驭更多的风格，成为百变女郎。想要驾驭更多的风格，首先需要提升自己的内在力量。例如周冬雨，她在风格突破的过程当中，有一段时间她的着装风格很奇怪，但是慢慢地自信心越来越强大以后，她能够打造的风格就会更多一些。大家可以留意一下，她所有的风格都是基于她的"减龄感"，再增加不一样的设计感，打造独特的风格印象，但都是在"小"的基础上不断变化。在风格打造期，大家不用纠结于自己的分类，但是一定要清楚自己最不能穿的是什么。

不管你属于什么风格，内心都应该是接纳的，而不要有"求不得"的心理，拼命去追求自己没有的风格气质，就好像拼命去追求一个不喜欢你的男人一样，结果总是让人痛苦的。但是想要驾驭其他的风格你可以在自己所属风格里去加入其他的风格细节。不要去贪恋并不属于你的美，即使美丽如赫本，当她化着不适合自己的浓艳妆容，身着性感晚礼服时，因为自身优雅自然的味道被打破，也会降低她的美丽度。

风格是没有标准答案的，每个人都有属于她自己的独特风格，就如世界上没有两片一模一样的雪花，上文中色、型、质的分析仅仅是一种"风格的共性关系"。风格也没有高低优劣之分，只有内心是否喜爱。

其实，每个人对风格的抉择都是在自我的成长中慢慢有了自我的定位，才会在看到某类服装时一见钟情。不用强迫自己去喜欢那些无感的服装，因为你对服装的无感和无法接受会映射在你的脸上和身上，就像穿的是别人的衣服。风格的塑造一定会经历多观察、多试穿这样一个过程，树立风格后的你即使没有一张美丽的面孔，也一定会成为人群中魅力闪耀的那一个。

### 3. 找到风格从模仿开始

你走在城市的街角，漫不经心地望向路边的服装店，突然被某件衣服吸引，心跳加速，这种感觉是不是很像一见钟情。风格探索中非常重要的一步，就是找到茫茫衣海中让你怦然心动的款式，去试穿，寻找它们之间的共性。服装风格是如此丰富多彩，找到最符合你的很重要。

首先，明确你的穿衣榜样。你会发现在自己喜欢的风格服装中，某个人总能驾驭得特别好那么，她就是你的穿衣榜样。她可能是明星、博主、政界女性或者某个电影电视剧的角色。其次，尽量选择和你基因风格相近的，不要有太大的身高和体重差。最后很重要的一点是，你的感觉非常重要，一定是你自己真心喜欢的类型，从榜样身上汲取穿衣灵感，在模仿中你会慢慢建立属于自己的风格。

很多经典的成功案例都是从模仿开始的，例如一位即将出道的女明星，经纪公司在包装的时候就会找出和她气质路线相似的明星作为参考；画家通过模仿他人画作开始慢慢建立自己的画风。著名的艺术家毕加索就是通过研究模仿塞尚的结构美创造了独特的绘画风格；作家通过模仿自己榜样的文笔创立自己的文风；书法家通过模仿字帖创立自己的书法风格。模仿是一个非常重要的能力，正如谢赫所说"传移摹写"。在模仿中去重塑，最终成为你自己。

所以在风格定位期一定要多模仿、多试穿，每天花点心思在搭配上，当你穿着某件衣服出门收获很多赞美的时候，请注意这件衣服的颜色、款式和布料，这里面一定存在你重要的风格元素。例如我每次穿宝蓝色衣服时，都会收到称赞，因为我的肤色是深冷季型，宝蓝色和我的皮肤色调以及内在气质都非常匹配，如今宝蓝色已成为我衣橱中的光芒色。

### 4. 慢慢练就时尚品位

训练自己的审美品位不是一朝一夕就能练就，审美品位的养成就像养生一样，常年累积就会获得全方位提升。你吸收的审美营养会随着你的习惯进入你的眼、耳、鼻、舌、身、意。而一旦养成了良好的审美，好处真是讲几个小时都讲不完。

如何养成好品位呢？有一种有趣又有效的方法——收集图片。很多时尚博主都会用这种方法提升自己的审美。国际著名时尚博主兼插画师 Jenny Walton 说："我从小就喜欢在墙上贴照片，希望这些美好的图片能够深入脑海，从而融入自己的穿搭和绘画风格中去。"上大学时我们的教授也是这样训练我们的，每天剪杂志，按照不同的主题、色彩、风格收集图片，整个寝室几乎被杂志包围。这种日积月累的训练让我们拥有了一种较高的品位和眼光，如今看大学同学的朋友圈依旧赏心悦目，有人成了时尚化妆师，有人同我一样做形象设计师，还有一些是全职妈妈，无论什么职业，这种美都融入我们生活的方方面面。

在我的专业形象顾问课程上，我也是这样去训练我的学生们，大量看美图与各界奥斯卡最佳服装设计奖的影片，用高审美给大家"洗眼睛"，再用杂志剪切的方式让大家培养出对各种风格的熟悉，学生们都非常喜欢剪杂志，这个过程真的很美好，满眼的美人与美衣，这种手忙心闲的感觉不妨体验一下，据说这种状态叫作"心流"，一种使人平静且幸福的时光。

# 本章小结

　　亲爱的闺蜜们，在这一章里，我们进入内在探索的世界，我们一起学习了通过内在探索来塑造个人风格以及个人品牌的表达。这章是我们的核心内容，希望大家一起跟着我做以下几个练习：

　　① 通过内在优势探索的方法找到自己 3~5 个关键词；

　　② 判断自己外在风格；

　　③ 将内外关键词做相似点的统一，这个过程不要对自己完美要求，我们一起慢慢塑造，慢慢学习，艺术品都是需要沉淀和打磨的。

　　完成的或者有疑问的闺蜜可以在微博上 @闺蜜力量晨曦，让我一起陪伴大家完成这趟美学进化之旅。

第四章

# 给闺蜜们的
# 搭配秘籍

# 一、身材调整秘籍

## 1. 身材穿衣指南

前面我们已经了解了色彩和风格的知识后，现在开始学习搭配技法。这里就是谢赫六法中的"经营位置"，我们身上的服装、饰品会因搭配位置不同，产生巨大的反差。下面先从我们的身材了解开始。

每种身材都有独特的美感，首先要拥抱自己的所属身材，在这个基础上让它更美更健康。情感作者琦殿在她的《请说我美》这本书中，有一篇我非常喜欢的文章"瘦二十斤的人生会开挂吗"，文中讲述了自己两次瘦身成功的经历，有减肥成功后短暂的快乐和偶遇前男友时他惊艳眼神的大快人心，却也有在某天翻开老照片，看到胖乎乎的自己去旅行的照片，肥嘟嘟的脸蛋儿眼中有光地望向天空，美得真实而惊艳。

美不等于某个体重数字，不等于某种身材标准，也不等于体脂率，所以我们不要带着评判性的思维去学习，自己的形象自己决定，想要减肥就"管住嘴，迈开腿"，不想减肥就把现在的状态穿出最美的样子。

下面我来教大家如何用形象设计师之眼判断身材。

判断关键点有以下 3 个步骤：

（1）面对全身镜后退两步，也就是和镜子保持一米的距离，一米距离是你在他人眼中的样子；

（2）只穿内衣，因为服装会改变我们的整体身材，这一步我们将面对真实的自己；

（3）观察要点：整体去看我们的身材轮廓是一个什么样的形状，你会发现根据我们身材最粗和最细位置的不同，很像大写英文字母：X、H、A、O、Y。大家可以根据我的描述对号入座。

◎ X形身材

X形身材：肩宽和臀宽比较接近的，腰部很细、颈部纤细、胸部丰满且富有曲线，腰部明显且纤细，臀部丰满，那恭喜你，你就属于最好穿搭的X形身材。

X形身材的女孩拥有美好的身材曲线，所以尽量把腰部的曲线展现出来。这种类型的身材要多用腰带，尽量穿贴合的衣服才能展现身材的曲线，如果衣服没有很好的收腰效果，而且隐藏了你的臀部，整个人看起来会很像一个桶或者说像帐篷，完全掩盖了你的优势，如果穿不显身形、软塌塌的衣服一定要注意搭配。

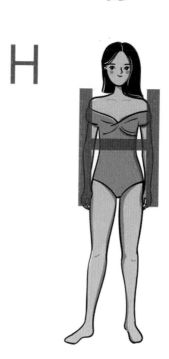

◎ H形身材

H形身材：肩宽、腰宽和臀宽都比较接近，腰部偏长，四肢看上去略为纤瘦，胸部略微扁平，整体看上去较瘦，这种身材较容易穿出时尚感。符合以上特点就属于H形的身材。

特点是胸腰臀的比例比较均匀。有点像字母 H 的形状，给人的感觉潇洒、洒脱。这种身材的女生常容易出现对于自己身材缺乏女人味的想法。着装上如果想要展现自己女性化的特征，可以增加腰线设计的服装，或者可以选择在胸口有装饰效果的衣服，还可以选择胸针、丝巾这类饰品。丝巾是这类身材非常好的伙伴，戴上丝巾后，能很好地展现女性化的特点。这种类型的身材在穿搭方面还需要注意：穿搭要有层次感，因为本身比较纤瘦了，就不要穿太过紧身的衣服。

◎ A 形身材

A 形身材：最宽的部分出现在臀部和大腿，上身较单薄，腰部有清楚的线条，下半身略为丰满，这种身材很容易穿出女人味；

北方的女生常出现这类身材。上半身比较瘦，臀部和大腿比较丰满，其实这种身材有很强的优势，尽量上半身用浅颜色，下半身用深色，巧妙地呈现瘦身效果。上半身可以尽量宽松，下半身选择简约、简单的款式，颜色不要选择太艳丽的色彩。

◎ O 形身材

O 形身材：通常脂肪较多，背和臀较大较圆，胸围、腰围、臀围、腿围尺寸较大，颈部较短，没有明显的腰肢，但会给人亲切丰满的印象。这种身材属于比较难搭配的，后面有专门一节内容为这类身材支着儿。

这类身材的特点是曲线很突出，胸部和臀部都是非常丰满的，但问题在于腰部比较胖一点。这类身材一定要多打造些 V 形的曲线，比如 V 形领子，项链出现 V 形线条，腰部的装饰要少，服装和配饰都不要出现正圆形。另外，建议不要穿大朵花图案的服装，因为大朵的花形会让腰部显得更胖。

着装需要注意：尽量不要穿圆领，特别是比较高的圆领；不要穿蕾丝或者真丝这些有膨胀感的衣服。可能有小伙伴会问，秋冬季节一般都会穿高领毛衣怎么办？没关系，你只需要在外面让风衣、大衣、羽绒服的领部出现一个 V 形，或者你把围巾围成一个 V 形，这样可以让你的视觉体重至少减少 3 ～ 5 公斤。

◎ Y 形身材

Y 形身材：最宽的出现在肩膀处，肩宽、腰瘦、腿细、髋部小，呈现小倒三角体态，这种身材可以表现出女性的力量感。

这种身材主要特点是腰部以上比较宽，腰部以下比较瘦。上身比较壮表现在肩膀肉多，而这个部位又不容易减肥，因此这种身材的着装之道是：上半身要着深色衣服，深色会让人视觉有收缩的效果，为了整个身体的比例比较均衡，下身着浅色。上半身不要穿有太多设计感的衣服，最好不要选择带垫肩、荷叶领或泡泡袖的衣服。

### 2. 显瘦穿搭秘籍

2018 年，有一部大受好评的电影《超大号美人》讲述了一位自卑的胖女孩芮妮·班尼特在商场被导购员嫌弃，在酒吧被调酒师无视，吓哭小朋友更是"日常操作"。自卑的她做着自己不喜欢的工作，也没有勇气追求自己喜欢的男生。某一天在健身减肥时发生了意外，头部受到猛烈撞击，等她再醒来看到镜中的自己，感觉自己成了性感尤物，简直"美爆了"！她获得强大的自信，去争取自己想要的生活，从此焕发新生，大胆追求心爱的男子，大胆争取想要的职位成为公司新项目负责人，甚至参加比基尼大赛与众多选手一较高下，完成了人生逆袭，赢得爱情事业的双丰收。某一天她又撞到了头部，醒来时发现从始至终她的身材与容貌并未发生什么变化，重要的是她如何定义自己。

现实中，不止一位微胖的女生会因为自己的身材原因而受到种种限制，例如恋爱、事业。世界限制了不同身材的人生版本吗？不，是我们自己限制了自己。或许你会说那只是电影，然而我身边也有一位超大号的美人。

我初入职场时在一家化妆品公司工作，这家有 200 多位员工的公司除了老板和两位经理是男士以外，其他全是女生，而且美女如云。公司的销售总监是一位35 岁的女士，体重应该有 200 斤，但是在我心中她绝对是全公司最美的女人，她每天都非常精致，欧美风格的穿着，非常擅长搭配，换着不同的夸张耳饰和不重样的口红色。整个形象的打造非常女王范儿，加上她出色的工作能力，是公司的核心人物和品牌对外的发言人，而且是一位非常爱提携后辈的人，她常常指导我们，任何时候我们碰到解决不了的问题请教她时，她总是用带着幽默感的方式为我们解答。你能感受到她的丰富、幽默、智慧和力量感，和她在一起你不会在意她的身材，你的注意力早被她的人格魅力吸引了。她有一位非常爱她的丈夫，常常在午餐时间，丈夫在楼下送来各种她爱吃的美食，羡煞我们这群年轻的小妮子。

对于大码女神来说，深谙搭配之道是相当重要的，该如何穿搭呢？我们可以向一些大码明星学习穿搭。

第一种方法：两件式穿搭法。比如著名歌手希拉里·达夫（Hilary Duff）以及金·卡戴珊（Kim Kardashian），她们穿衣搭配都有相似的特点即内浅外深，或者内深外浅。这种穿搭法会形成视错觉，一眼看过去，你会注意到她中间穿的衣服，整个人看起来是大气感。但是要注意黑色虽然有收缩效果，但却显得沉重，黑色的物体会比白色的物体视觉上重 1.8 倍。

这种穿搭法，每个人都可以去使用，会让你的比例效果、层叠搭配的感觉更好。如果你的腰身有优势，还可以在这种两件式穿搭的外衣上再系一个腰带，会更增强你的女人味。

第二种方法：大量使用 V 形领。V 形领能够巧妙拉长我们的脖子，达到视觉瘦身的效果。

# 显瘦穿搭解析

V领能够巧妙拉长脖子
体现颈部线条，
达到视觉瘦身的效果。

Before

After

两件式穿搭法形成视错觉，
尽显气质大方。
黑色虽有收缩感，但显重，
因此内深外浅更加显瘦。

Before

After

### 3. 显高穿搭秘籍

我常常收到女生因为个子矮而苦恼的提问，特别是进入职场后常常会因为看起来太过于年轻，没有气场，或者一张娃娃脸，谈起客户时常常自己都犯怵，这个时候你可以通过穿搭来增强你的气场。

服装能给气场加分吗？答案是肯定的。如果为了增加气场感而直接穿黑、白、灰的职业装，看起来很像穿着别人的衣服。下面我从五个方面分享如何增加气场：

第一步：发型

建议小气场的姑娘在职场中换成 lob 发型 [1]，刘涛在拍摄欢乐颂时把一头长发剪成短发，而周冬雨也是在剪了短发后整个人越来越时尚起来。发型对于小气场的姑娘至关重要，lob 发型值得推荐。

第二步：妆容

小气场姑娘并不适合化浓妆，那么从哪里改变呢？眉形至关重要。裸妆配上锋利有棱角的眉峰，以及雅致的唇色就是让自己更强势的妆容打造。

第三步：服饰

衬衫可以选择带有波点的布料，保持和小气场的和谐感，尽量不选款大的衬衫款式，在对比关系里，越大的事物会显得小事物更小。具体参考搭配可以选择《毕业季》郑秀晶的职场搭配，基本都是 ZARA 平价款。《翻译官》中杨幂的穿搭中也有很多来自优衣库的平价又好搭的款式。注意，小个子女生想要显得更高，但又想要穿衬衫，一定要选择高腰线的衬衫，最好将其能塞进裤子里，或者把衬衫的一半衣角塞进裤子里。

---

1　LOB 头其实就是 long bob 头，Lob 是简称，顾名思义就是长波波发，长度标准是发尾在下巴和肩膀之间。

在搭配中要注意，平衡是关键，如果你的上衣穿得比较宽松、飘逸，下半身就要穿紧身的裤子；如果上身穿得比较紧身，下半身可以穿得飘逸和宽松一点。这样，整个视觉感就比较平衡。衬衫如何搭配呢，除了小脚裤、A 字裙以外还可以和马甲搭配。西装马甲是非常适合职场进阶的单品，在《欢乐颂》《周末父母》和《翻译官》中，职场形象都用了大量的衬衫搭配马甲，既保留职场干练又能穿出自己的风格，下装搭配裙装裤装都适合，想要打破沉闷感可以搭配艳丽的鞋子或者包包。

第四步：高跟鞋

小个子女生还有一样重要的显高利器就是裸色高跟鞋，裸色和肤色相近增加视觉的延伸感。如果穿的黑色裤子搭配黑色鞋子同样有视觉拉伸效果。让我们看看下图，同一套服装当比例和鞋子不同所呈现出的视觉效果。

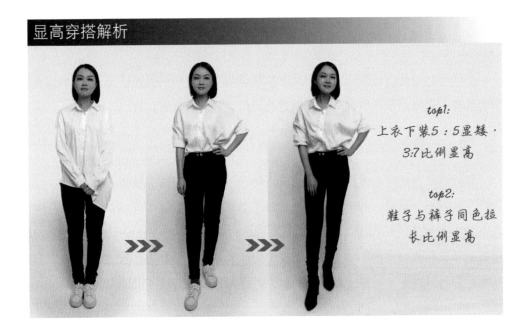

显高穿搭解析

top1:
上衣下装5：5显矮，
3:7比例显高

top2:
鞋子与裤子同色拉
长比例显高

第五步：色彩

色彩方面除了黑白灰以外，莫兰迪色系也是小个子女生的好帮手，浅淡气质的颜色和本身的气质很和谐，又增加了一丝沉稳感。

小个子姑娘们一定要打破身高的限制，用穿搭和才能为自己加分，穿搭方面还可以关注前面提到的越南时尚博主 Wendy Nguyen，身高只有 155cm，却靠着超强的搭配能力成为全球排名前三位的时尚博主。博客名为 Extra Petite 的时尚博主，身高只有 152cm，凭借高超的搭配能力成为国际一线时尚博主。两位博主虽然风格不同，但是同样以没有优势的身高穿出九头身的效果。

总结一下小个子的穿搭要点：

（1）高腰线且要突出腰线；

（2）利落合身的剪裁；

（3）控制衣长、裙长，尽量采用短款的搭配，或者调整到 3：7 的比例，秋冬季节可以在短款外搭配大衣；

（4）上下色彩相互呼应；

（5）显高单品：衬衫、铅笔裙、裤子同色高跟鞋。

## 4. 色彩搭配秘籍

玩转色彩搭配能够为我们的穿搭增色不少。掌握色彩搭配并不难，前提要先了解：主色、辅助色和点缀色。

主色一般会占到我们全身服饰面积的 70%，通常是风衣、大衣、裤子或者裙子，面积较大。辅助色一般占到全身服饰面积的 20%，它们通常是上衣、衬衫或者背心。

点缀色一般占到我们全身服饰面积的 10%，可以是丝巾、包包、鞋子、饰品等，它们面积虽小，但是起到了画龙点睛的作用。

黑、白、灰这三种颜色可以和任何色彩进行搭配，这也是为什么当衣橱大部分都是无彩色时衣橱会非常便于管理的原因。主色、辅助色、点缀色的比例需要注意：主色和辅助色的比例比较忌讳 5：5，例如上衣盖过屁股，色彩五五分，因为这样会显得个子比较矮。那么日常穿搭常用的比例就是 3：7 或者 4：6，上半身短下半身长的穿搭法会显得身材更加高挑。

色彩比例中最显个子高的是多少呢？答案是 1：9。这种搭配怎么穿呢？比如说，戴着一条红色丝巾，外面穿的黑色大衣，这就是 1：9 的配色方法。在法国游学时，我发现法国女士非常喜欢这种穿搭法，例如艳色的丝巾加整身的黑色。

还有一种我个人很喜欢用的色彩搭配法，就是"主色＋点缀色"，这种搭配法非常简洁且强烈，特别是主色用黑白灰色，点缀色用艳色，直接打造一个视觉中心。

在服装搭配中，如果还没有掌握玩转色彩的能力，花色服装最好全身不超过两件。如果上下两件都是花色的，整个搭配会显得不和谐。大家如果穿花色，建议只穿一件就好。

另外给大家一些设计师常用的搭配技法。

◎ 强调配色

　　如果你的衣橱中大多是黑白灰色或者有很多雅致的服装，例如米色、驼色、大地色，你希望增加自己的时尚感，可以买有强调色的包包或者鞋子来搭配，例如下图用橙色来强调深浅不同的蓝，以及用橙色强调灰色和米色，时尚感大增。

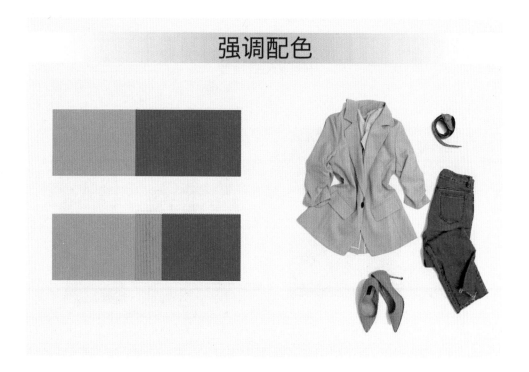

强调配色

◎ 隔离配色

如果你的衣橱里有非常多时尚艳丽的服装，在了解了形象学以后很难再硬生生把它们搭配在一起，这种情况下可以加入黑白灰色做隔离配色，整个搭配就会显得很和谐。比如红配绿，加入黑色就会变得和谐统一。这也是无彩色系非常强大的搭配能力。

隔离配色

◎ 三明治配色法

这种搭配方法较常用于街拍、明星的穿搭中，但也非常适合用在日常生活中使用。三明治配色就是在整体搭配中突出上下呼应，例如：拿着驼色手包时搭配一双驼色靴子；或一条酒红色的腰带搭配酒红色的高跟鞋。只要上下呼应的色彩是同一个色系，就会形成一种和谐的韵律感，如同音乐中前后呼应的音节一般。我也很爱用这种搭配方式，所以我的衣橱里每一种颜色的包包都会有相应色系的鞋子，这个小秘诀也分享给大家。

三明治配色

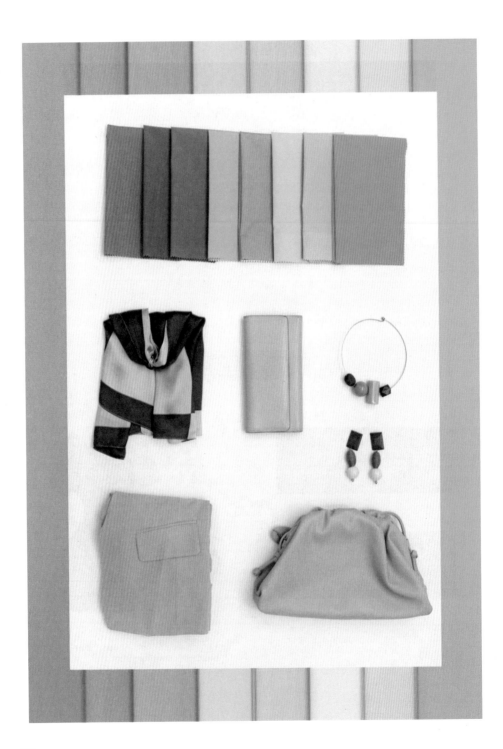

◎ 懒人必备——莫兰迪色

莫兰迪色来源于意大利画家乔治·莫兰迪，人称僧侣画家。他的作品不像其他大师那般激情澎湃，反而简约质朴，用色温暖，有一种静态的和谐美。他最有名的作品就是用各种各样的灰色画瓶瓶罐罐的静物。我学美术的那些年，老师也常常训练我们用"高级灰"，也就是"莫兰迪色"画静物。莫兰迪色就是色调饱和度都很低的安全色，比黑白灰更丰富，表现得安静、优雅、都市和低调，各个色彩之间可以随意组合，无论是休闲还是职场都很适合。

# 二、妆发调整秘籍

## 1. 发型搭配秘籍

说完了身上的搭配我们来聊聊发型，发型搭配前我们需要了解一个重要的概念：三庭五眼。

三庭：发际线到眉毛的部分是上庭，眉毛到鼻底的距离是中庭，鼻底到下颌的距离是下庭。三庭距离不同会给人不同的印象，例如：中庭长就显得人成熟，中庭短就显得人可爱。

五眼：我们面部的宽度，相当于五只眼睛的距离。其中最重要的就是两个内眼角之间鼻梁的这个距离是不是一只眼睛的距离。如果距离过近，就会显得妩媚，如果过宽就会显得比较可爱。

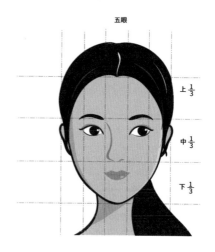

三庭五眼的不同构建了我们面部的印象特征。

照镜子关键点：

（1）面对化妆镜保持 20cm 左右的距离，也就是整个手臂长度一半的距离；

（2）把头发梳起来露出整个面部，注意把刘海也梳上去；

（3）穿低领的衣服，露出脖子。

观察要点：很多女生觉得脸型很难判断，那是因为她的头发把自己的脸型轮廓给遮住了。因此，照镜子的时候，一定要把头发都用发卡把头发别起来，露出耳朵、发际线，然后观察我们的脸型，看看整个面部最宽的地方出现在哪里，是额头，还是颧骨或者是下颌骨。这样一一排序，接下来给大家讲每一种脸型它的特点是什么。

瓜子脸特点：额头和颧骨基本上是等宽的，下颌骨会比较窄。脸宽约等于脸长的 2/3，下巴是微微的圆形，属于最不挑发型的脸型。

长脸形特点：中庭比较长，视觉上会给人一种成熟，甚至会有一点点孤傲感，让人有种难以接近的感觉，优势是气场强大，存在感强。

梨形脸特点：前额比较窄，下颌骨宽且有肉感，整个状态会呈现上小下大的一种视觉感。这种感觉会比较有稳定的效果，但是会缺少柔美感。

圆形脸特点：整个面部呈现圆润的感觉，脸型的长宽比是差不多的，下巴圆润丰满。视觉上给人的感觉是特别活泼、可爱、有亲切感。

方形脸特点：下巴的角度有轮廓感，颧骨、额头、下巴的宽度也比较类似。这种脸型会给人一种现代感，也会给人意志比较坚定的印象，但欠缺柔美感。

　　菱形脸特点：太阳穴凹陷，颧骨比较突出，额头比较窄，容易给人一种冷漠清高感。尖下巴是一个很大的优势，如果把发型调整好，就是非常漂亮的瓜子脸了。

　　倒三角形脸特点：很多人追求这种脸型的，因为它有很尖的下巴，比较宽的额头，会显得比较妩媚，比较有女人味。

### 2. 如何给脸型选发型

　　瓜子脸的发型建议：基本上不挑发型，风格可以多变。对于瓜子脸，不需要太多发型上的修饰调整，按照自己喜欢的风格自由选择发型即可。

　　长脸形的发型建议：视觉上想要缩短脸的长度，可以增加刘海，例如图中的斜刘海，三七分最能修饰脸型，尽量不要中分，会显得脸更长。

　　梨形脸的发型建议：很适合空气刘海，头发不要留得太长，短发更加适合。因为短发的体积感，会让上面显小的部分膨胀出来，达到修饰脸型的作用。

　　圆形脸的发型建议：如果不想给人留下可爱印象的话，尽量不要留齐刘海，可以选择三七分的斜刘海，把头发做成自然微卷的效果，会中和可爱感。如果想要保持自己这种可爱的印象，韩式空气刘海和齐刘海都是非常好的选择。

方形脸的发型建议：如果想要保持这种意志力坚定、非常帅气的印象，可以选择短发，把下颌骨的线条展现出来。

方形脸如果想要增加女人味的话可以借鉴舒淇的发型，舒淇是典型的方形脸，她的发型基本上都是选择大波浪，因为用曲线感可以打破方形脸的印象。

菱形脸的发型建议：在视觉上最重要的就是调整太阳穴的凹陷和高颧骨。用刘海把太阳穴凹陷的地方遮盖住，用线条把突出的颧骨遮盖住，比如林志玲，典型的菱形脸，她所有的发型有卷曲、弧形的线条，遮挡住她颧骨的部分，这样就不会显得她颧骨高了，太阳穴两边的头发做得比较蓬松，这也是一种很好地遮盖菱形脸的方法。

倒三角脸的发型建议：这种脸型不挑发型，但是最好保持黑发，因为它本身妩媚感非常强，如果再染成其他颜色，妩媚感会过于强烈。

### 3. 化妆这件小而美的事

从幼儿园开始我就对妈妈的梳妆台格外着迷，觉得那个台子上有一个神奇的世界。儿时的我最喜欢妈妈的化妆盒，那时流行一种一层眼影、一层口红、一层腮红和散粉的化妆盒，妈妈化妆的时候我喜欢从镜中认真欣赏，内心觉得化妆真是一件美妙的事，这颗美的种子就在我心中生根发芽，成为我职业的方向。

关于化妆，很多小伙伴都会有误解。有些女生会觉得化妆特别伤皮肤，化妆品确实会有一点点堵住我们的毛孔，但只要我们正确卸妆，对我们的皮肤伤害并不是很大。同时，化妆是一种很好的隔离方式，帮助我们隔离皮肤和空气中的有害成分。

这里简单和大家分享一下如何化简单的日常妆，相信初学者可以轻松学会。

轻薄透气底妆

选择轻薄的粉底液，均匀点涂于面部。配合粉底刷由内轮廓向外刷开，注意不要忘了脸部和颈部的颜色衔接，最后用美妆蛋按压清除刷痕。

温柔自然眉妆

用眉刷蘸取适量眉粉轻扫化出眉型，配合发色使用染眉膏，让整体妆容和发色更自然和谐。

## 元气通勤腮红

选择偏暖色系的浅橘色腮红，作
为日常通勤腮红；以C字化法打造
日常元气感腮红，既能提升气色，
又能使整体妆容颜色协调。

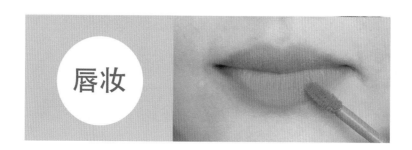

## 气色质感唇妆

选择适合绝大多数亚洲人肤色的
暖橘色系哑光唇釉配合眼影及腮
红，突显好气色和高级质感，打
造统一和谐的日常精致美妆。

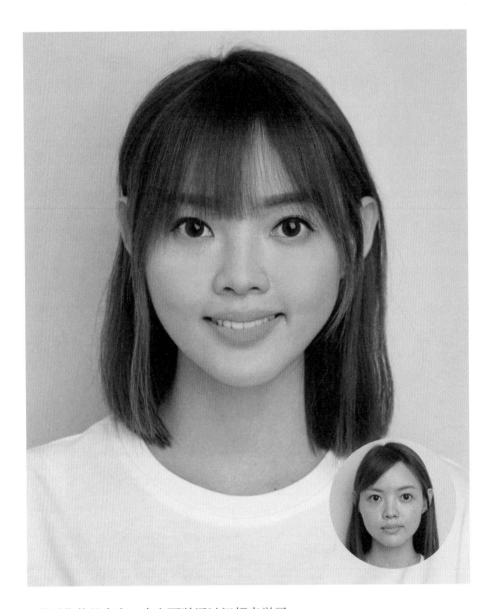

关于化妆的内容，大家可以通过视频来学习。

（在公众号回复"妆容打造"解锁化妆技能）

# 三、衣橱里的经典单品

## 1. 白衬衫：简约不简单

这一节里想聊聊精心为大家选择的七款衣橱单品，也会从一些电影和服装史的角度和大家讲述这些单品的故事。当我们了解一件服装的历史和赋予它们的故事时，我们在穿着中会有一种力量感，让这些服装为我们赋能。

白衬衫在我们的衣橱中最常见且经典百搭，当我们看到巩俐在星光熠熠的奥斯卡颁奖典礼上穿着白衬衫走上舞台的时候，我们一边感慨她的魅力，一边去寻找和她同款的白衬衫。穿上后心中又不免感慨，原来不是少了一件白衬衫，而是少了那种气质。

我和我团队里的姑娘们都很爱白衬衫，经常在参加活动或者授课的现场不约而同地穿着白衬衫，然而我们的白衬衫却又都不相同。肤质细腻、风格雅致的陶子常穿绸缎质地、颈间带蝴蝶结的款式；幼龄感又小女人的林菁常穿丝质圆领带有精致小纽扣的款式；时尚风格的子苏常穿左右不对称挺括面料的设计款。一款白衬衫，每个姑娘都用自己的风格在演绎着。

有两个人把最普通的男款白衬衫穿得很耐人寻味，那就是莎朗·斯通和玛丽莲·梦露，她们通过白衬衫穿出了纯洁又性感的魅力。身材高挑或者相貌极其出众的姑娘也能驾驭这类白衬衫。每个人都可以找到属于自己的最经典的白衬衫，下面将从色彩、布料、款式、细节来谈谈如何选择。

（1）白衬衫的色彩：

如果你的皮肤属于暖色调，或者你的性格比较偏"暖"，那么米白色、奶白色、象牙白色的衬衫会比较适合。

如果你的皮肤属于冷色调，或者性格比较理性的姑娘那么纯白色、银白色、月白色的衬衫会比较适合。

（2）白衬衫的材质：

越细腻的皮肤用绸缎类、光滑的面料就会越适合，如果皮肤粗糙穿丝绸，那么绸缎的光泽柔软会和皮肤之间形成大的对比。另外，我们的肤质有薄厚之分，面料的不同支数决定了不同的厚度和精致度，肤质厚的和厚重的面料更加和谐，肤质薄透反之。纯棉面料给人的感觉亲切自然，麻料给人"佛系"的文艺范儿，真丝缎面给人华贵感，雪纺料给人女人味，化纤混纺给人职业感。

（3）白衬衫的款式：

理性型气质的姑娘更加适合简洁的款式，领子可以选带有尖领、布料略挺括的款式。感性型姑娘更加适合宫廷风格，荷叶边、圆领、圆角领、带有腰身的设计，面料选择柔软或碎花；想要突出时尚感和与众不同也可以用斜肩、左右不对称、衬衫反穿、解构主义等不规则设计的款式。

（4）白衬衫的细节：

幼龄感姑娘适合有细节设计的白衬衫，例如泡泡袖带有小蝴蝶结的丝带，小颗的珍珠纽扣等；熟龄感姑娘适合大气设计的白衬衫，比如宽边的大丝带领结、复古的风琴褶等。

根据以上关键词的梳理，较容易属于自己的经典白衬衫，一定要多买两件，因为它可以搭配各种下装，比任何服装的出场率都高。

## 2. 西服：职场战袍

　　我曾经为一位重返职场的年轻妈妈做形象打造，她给了我一个大概的金额，我建议她用 60% 的资金用于购买各类西服、衬衫以及衬衫裙。刚开始沟通时，她不太认同这种分配比例，她希望着装舒服点，因为待在家 3 年了，舒服惯了。

　　其实，这样的分配比例我是经过认真思考的，这位妈妈久待家庭，其实整个人还未回归职场状态，目前她最担心的是她不能胜任 3 年前已经游刃有余的职位，她告诉我这次重新回到公司应聘之前的岗位，是公司念在她曾经带着团队强势攻下新市场的"汗马功劳"，但是她内心是有些胆怯的，担心同事们觉得她没有之前的能力了。总体来说，就是缺乏自信心。

　　在设计中，我首先建议她改变发型。她有一头快到腰间的长发，我建议她剪短，她的五官立体，其实很适合短发或者 lob 发型。这个改变除了外形上让她显得更时尚干练，最重要的是我希望通过这个改变让她做好重返职场的准备。改变发型对女人来说最见效，就如同失恋时我们也习惯剪掉长发一般。这个沟通她很快接受了，剪了短发的她一下子清爽了许多，重要的是整个人看起来更加轻盈了。

　　在给她整理衣橱时，我看到她曾经的职场装，不禁感叹好一个驰骋职场的"女将军"风格，脑海中出现曾经一水及腰长卷发穿着时髦职场装的样子，可惜之前的服装无论从尺码、颜色、质地都不再适合她。时光虽带走了她姣好的身材，却给了她更加柔雅的气质。从之前的衣橱里也能够看出来，她虽是一位职场干将，但太过于好胜的状态，与同事相处得一定不那么和谐，这也是为何她总向我强调担心同事对她能力的怀疑。

　　所以这个时期的她，舒服和漂亮都不是最重要的，她需要服饰给她力量感和自信心。还有比西服更有力量的"职场战袍"吗？

我们都知道，西服是男装的舶来品。较早的时候，西方的男士穿着繁复的款式，戴假发、敷粉、穿高跟鞋，特别是中世纪欧洲的贵族阶层的男性，希望用华美富贵的装饰来打扮自己。而男士的现代西装要归功于乔治·布莱恩·博·布鲁梅尔，这位在伊顿公学和牛津大学接受教育的摄政王拥有着极高的时尚品位，在那个流行浮华烦琐的时代，他却是极简风格的爱好者。他请来裁缝，让裁缝按照他的想法设计了服装。《伯格世界服装与时尚大百科》记载着他独创的标志性穿着，也就是我们现代西服的模样。它影响了整个西方世界的穿着方式，甚至改变了男人向世界展示自己的方式，即一个人的姿态和风度、对智慧的追求。

当我们了解服装的内涵时，往往就能穿出别样的气质。当大家了解了品牌的历史和创始人的故事后会对品牌有更深的热爱。

我把理由讲给这位年轻妈妈听后，她点头默许了。西服适用于很多重要的职业场合，形象表达也重要得多。那次陪购后大约半年未见，一个阳光明媚的早上，我接到她的电话，邀请我为她做第二次陪购服务。她告诉我，想要购买去国外出差的服饰，这次要去英国创新之城——利物浦（Liverpool）学习，那天我们聊得特别开心。她说让她最开心的是除了新的工作机会外，在职场中还交到了两位非常合拍的好朋友，三位职场妈妈还一起成立了一个读书会。

我没有告诉她，在为她选西服的时候我其实为她选择了更加亲和的职场风格，因为那与她成为母亲后的眼神是更为和谐的。

为什么讲西服之前要讲这个故事呢？我希望正在看故事的你，如果有一天缺乏这种自信心和力量感时，西服能够成为你的调频工具。

下面，我们来讲一下西服的搭配。西服是非常百搭的单品，如果搭配 T 恤，可增加轻松和时尚感；如果搭配蕾丝、雪纺衫，可增加温柔和女人味；如果搭配衬衫，会更加商务感，如果搭配普通版型的衬衫，最好不要搭配西服裤，可以换成铅笔裙、牛仔裤等，否则会太过于商务。选西装一定要合身，另外需要注意的就是领型。

（1）平驳领

造型呈现菱形，其领子的下领片较为低垂，和上领片有一个夹角，是西装领型中的基本款，一般来说最被广泛使用，是轻松又最安全的选择，不论商务、休闲都适合，实用性非常高。

（2）戗驳领

戗驳领，呈现上窄下宽，下领片的领角向上呈锐角突起，于 20 世纪 20 至 30 年代风靡一时，有棱有角的线条感正规且稳重，强烈的时尚感气势十足，妥妥的女王范儿，而与双排扣亦是完美的搭配。

（3）青果领

青果领，领面形似青果形状，弧度线条呈现优雅大方的气质，这种领型的西装穿在身上既舒适又有美感，给别人的感觉也比较谦和，刚刚例子中的那位职场妈妈的西装就是这种领型。

如果你的衣橱里还没有西服，建议大家入白色或者黑色。搭配西服时，挽起袖口不仅显得更加时尚而且手臂也显得更瘦。如果不是非常正式的场合建议敞开来穿；如果西装不太合身可以用外加腰带的方式搭配更加有女人味。

希望你也能找到属于你的职场战袍。

### 3. 风衣：一份自由的美好

风衣有一种非常难得的潇洒，那种潇洒透露出一种信手拈来的优雅，而不是刻意为之的打扮。刻意为之的装扮真的很美，每一个细节都是如此完美，完美到久了会让人觉得有些累。

我非常喜欢赫本的一张照片，赫本和纪梵希这对最亲密的工作伙伴和最亲密的朋友并肩走在塞纳河边，赫本在倾诉着什么，纪梵希认真地听着。照片中的赫本已不再年轻，穿着巴宝莉的卡其色风衣，却是如此的气质不凡。

说到风衣，不得不说的品牌就是 Burbcrry。1914 年世界大战期间，英国军官们都穿 Burberry 专门生产的防风雨服：与众不同的肩章、带皮条的袖口、领间的纽扣、极深的口袋及防风雨的口袋盖都成为我们如今风衣的细节。和平时期，Burberry 成为探险家与户外活动者的首选，第一位登陆南极的 Roald Amundsen 便以一身 Burberry 装束达成壮举。这些穿着 Burberry 的军人和探险家们为风衣身上注入了他们的基因，让如今穿上风衣的我们也多了一份潇洒、力量和探险家般的自由。

在日常生活中，风衣也是非常实用、百搭的时尚单品，但是在选择上要注意色彩和衣长。

（1）色彩

Burberry 品牌最被大众熟知的色彩就是卡其色，但是作为黄种人的我们并不是人人都能把卡其色穿得那么低调的优雅。如果卡其色穿在身上显得过于沉闷，皮肤也看起来灰暗的话，不妨考虑用以下几种方法：

① 在卡其风衣里搭配白色衬衣或者黑色连衣裙；

② 在卡其色风衣里搭配丝巾，丝巾的颜色选择自己的光芒色；

③ 口红颜色一定要选显气色的那种。

除了卡其色风衣外，还有一种颜色的风衣对我们很友好——那就是藏蓝色。如果穿卡其色不适合的话，可以试试藏青色。

（2）衣长

① 风衣长度在膝盖以上 3~5cm 处是最显腿长的，如果内衣敞开来穿，建议内搭比风衣长度稍短一些，下面可以搭配长筒靴，或许因为风衣和军靴是同一"血统"，所以它们搭配在一起也格外和谐；

② H 形身材又比较有身高优势的女生，可以选择长度在膝盖以下位置的风衣，会显得更加有气场，如果再搭配上腰带会更适合亚洲女生的身材；

③ 风衣的袖长也很关键，如果太长会显得人无精打采，比较时尚的穿法是把袖子折到露出手腕，也会显得胳膊细。如果是秋冬季节尽量让袖长不要盖住手掌。

风衣基本上可以搭配我们衣橱里大部分的衣服。在某个秋日的早晨，我们披上自己的风衣出门，秋风吹起落叶，也吹起风衣的衣摆，把衣领立起来用衣服裹紧自己，和秋天一起成为美丽的风景吧。

## 4. 连体裤：显高界大姐大

我在没有孩子之前一直体会不到连体裤的好，生下儿子小苹果后身材还没完全恢复就开始授课，对于讲师来说形象仪表非常重要，秋冬季节可以用各种搭配遮挡，但是那个夏天真是有些难熬，直到遇见连体裤。

连体裤成了我的夏日好帮手，每次穿连体裤参加活动或者授课都能收获一波赞叹："晨曦老师，你是不是又瘦了！"其实，我并不是真的瘦了，而是全靠这个超级单品。对于身高不到 160cm 的我来说，它是最快能让我拥有"大长腿"的单品，身材比例不仅美，而且还能让我视觉显瘦至少 8 斤。从那时起，我的夏日衣橱里连体裤占了很大的比例，下面来聊聊选择连体裤的秘密：

① 腰线：大部分的连体裤腰线都比较高，这使我们的腿从视觉上自动增长 5~10cm，真实的腰在哪里不重要，它看起来在哪里很重要；

② V 领：如果想要显瘦、显高、显脸小，就选择深 V 领的连体裤，为了防止走光可以穿内搭，深 V 的连体裤会显得更加干练和帅气。

③ 布料：连体裤的布料多种多样，如果以显瘦为目的，建议挺括面料。挺括的面料就像是在皮肤外为我们重新塑造了一个"伪装的身材"。如果你本身不需要这样"伪装的身材"，也可以用连体裤穿出各种不同的风格。

④ 腰带：很多连体裤的设计中都会有腰带，我的每一条连体裤都有这个重要的设计。腰带是我们女生的好朋友，因为除了拥有纤纤细腰的"极少数"女生来说，大部分的女生属于"大多数"的身材。对于自己的身材过于严苛，给自己定位为"腰粗"的姑娘可以束上腰带就会变成有魅力的身材。对于我们亚洲人来说，我们的面部没有那么立体，导致整体身材看起来比实际身材胖一些，而腰带的运用可以瞬间把我们真实的身材展现出来。

英国女演员、模特艾玛·沃特森（Emma Watson）也是连体裤的爱好者，很多次重要的首映都是穿着连体裤现身，简单干练的连体裤让 Emma 看起来别有一番韵味。

　　贝嫂也是连体裤的超级粉丝，出席各种活动都看到连体裤的身影。连体裤真的是最可以偷懒的时尚单品，适合各种场合！明星们走红毯都能轻松 hold 住，还有什么是它搞不定的！

　　**5. 铅笔裙：心有猛虎，细嗅蔷薇**

　　我总有那么一些日子会有间歇性的自我否定，就像每个月身体都会有不方便的几天，每当这种状态来临，我就喜欢穿铅笔裙。

　　在初为人母又要兼顾工作时，铅笔裙走进我的世界，产后身材接近于 A 形，一开始选择它完全因为它是 A 形身材的好朋友，而铅笔裙的简洁塑身能够很好地达到视觉瘦身的效果，后来我发现自己越来越爱穿铅笔裙了，它总能带给我一种力量感，让我快速从妈妈角色转换到职场中的角色，身体似乎都更为挺拔，看了美剧《傲骨贤妻》后我终于明白了原因。

　　在美剧《傲骨贤妻》里，女主角 Alicia 的丈夫 Peter 因丑闻被捕入狱，她也因此结束了富人区生活优渥的全职太太生活，带着两个孩子重返职场。在生活跌入谷底时，她重新穿上挺括的西服和铅笔裙对自己说："我至少要看起来过得很好！"然后勇敢地推开门，接受来自生活的风浪。剧中 Alicia 多次穿着铅笔裙，看上去是如此专业并拥有自己坚定的立场。

　　要说铅笔裙的来源也非常有趣。发明飞机的莱特兄弟带着世界上第一位女乘客伊迪丝起飞，为防止女士的长裙被机器夹住，莱特兄弟在伊迪丝的脚踝处系上了绳子。下飞机后，伊迪丝自然被记者们一阵猛拍，这种收紧长裙下摆的新式穿法也就此传开。后来法国设计师保罗·波列（Paul Plirot）对其进行了正式的设计，并且推向市场，官方名字叫作蹒跚裙。二战期间的物资短缺，服装在褶皱数量、袖子、腰带的宽度上都有相应的标准。

　　后来，法国设计师克里斯汀·迪奥（Christian Dior）推出了经典的现代铅笔裙，以 H 字来作为其形状的描述，很快变成都市丽人办公室的流行穿着。所以铅笔裙的基因中带来的就是：战后女性重新振作起来的意识。

　　下面我们来聊聊选择铅笔裙时要注意的色彩、长度和搭配。

　　（1）关于铅笔裙的长度

　　我经常遇见一些喜欢穿短裙的学员，她们选择短裙都是认为自己的身高不占优势所以想要通过短裙体现腿的长度。实际上，短裙如果选择不好，很容易显得腿部不直或者小腿粗壮，它给人传达出来的信息也并没那么友善。所以，选择好裙长不仅可以显得腿更细、更长，还会传达出知性和职业感。

① 膝盖以下的长度：这个长度的直筒款非常适合商务场合，例如《纸牌屋》《广告狂人》《穿 PRADA 的女魔头》等职场影片中大多选择的是这个长度的铅笔裙，在膝盖处收紧，展现出一种鱼尾形会增加女人味儿，走起路来优雅动人，非常适合 X 形身材的女生；

② 膝盖位置：给人积极干练的印象，适合年龄不大、H 形身材以及小个子的女生；

③ 脚踝位置：很多女生都会因为这个长度而拒绝，实际上这个长度会增加一种高贵感，建议选择直筒型，非常适合职场高管、政界女性、律师等职场熟龄女性。

（2）关于铅笔裙的色彩

黑色最百搭，银灰色、白色、米色、藏蓝、浅蓝都比较好搭配，图案可选择千鸟格、条纹、波点。注意，如果裙子选择带有花纹图案的款式，上衣选择纯色搭配更为妥帖。

搭配方面，铅笔裙可搭配的单品较多，搭配衬衫更加职业，搭配 T 恤更加休闲，天冷一些可以搭配西装和风衣。如果秋冬季要穿铅笔裙，面料选择非常重要，羊毛或者羊毛混纺会呈现出高级感。

6. 小黑裙：不得不写的黑色力量

　　小黑裙，这应该是女人衣橱里最能让我们轻松变美的单品。我有很多条小黑裙，通过各种不同的搭配，它帮我搞定了几乎所有需要精致装扮的场合。

　　对于黑色，我确实有私心，这是我最钟爱的颜色，衣橱曾经被黑色占据了80%的空间，即使现在角色丰富，黑色也占了一半。作为黑色的狂热爱好者，下面跟大家聊聊这个众多艺术家和时尚人士都爱的颜色。

　　黑色的服装史里有着很多充满魅力的故事。除了众所周知的小黑裙，还有山本耀司创作的充满力量感的黑色衣衫，他说："黑色拥有谦虚与傲慢两种特质，黑色是慵懒随性却神秘莫测的，黑色是一种最有态度的颜色，它分明在表达'我不烦你，你也别烦我'。"当越来越多夺目的色彩出现在人们视野里时，安·迪穆拉米斯特永远坚持黑白两色，把黑色的暗黑和神秘体现得淋漓尽致。不同的天才设计师谱写了他们眼中不同的黑色魅力。

　　在日常生活的穿搭中，黑色也具备超强的优势：

　　① 黑色的无彩色特质，简单易搭配；

　　② 黑色的视觉收缩性会让人显瘦显高；

　　③ 黑色的神秘感会让女性显得格外性感；

　　④ 黑色的厚重性使得衣物更具备高级感。

　　当然，黑色也有一些穿搭上的软肋，需要在某些场合注意：

　　① 黑色的简单易搭有时候会让我们淹没在人海中，就像穿了一件隐形不见的大斗篷；

　　② 黑色常常会显得我们脸色灰暗无光泽；

　　③ 黑色显瘦只适用于本身就不是很胖的女生身上；黑色显得沉重，如果全身黑色，就像给自己描了一个黑色的边，让我们心情也比较沉闷。

当我们选择小黑裙时要注意些什么呢？很多品牌都会推出自己的小黑裙，到底什么样的小黑裙才是真正的经典款？首先，一件经典的小黑裙上一定没有太过于夸张的装饰，例如：裙身缀满钻、珍珠或彩色亮片；其次，不会太短，太短的小黑裙就失去了优雅的特质。

如何搭配小黑裙，并且把黑色的优势发挥到极致呢？让黑色恢复它的本质，黑色的确是色彩中非常有震撼力量的存在，简洁、高级、神秘而摩登，然而这些不是最重要的，显得人好看才更重要，如何把黑色穿得好看，可以试试下面几种方法。

① 大胆用小黑裙搭配有彩色吧！黑色是百搭色，能够和所有颜色搭配在一起，它能够在搭配中显得人更加有力量；

② 小黑裙可以体现高级职业感，搭配点睛饰品或者反光材质是关键；

③ 想要穿出黑色的简洁高雅女人味，可以选择简洁的小黑裙，或者一字肩款式，然后搭配红色口红，即红唇＋黑色＝气场女王（这个公式我常用！）

④ 小黑裙的层叠搭配，让黑色恢复生气，黑色的层叠感一直都是各国时尚博主所钟爱的搭配，例如用各种不同质地面料的黑色叠搭，或者用黑色搭配其他色彩的长裙。

小黑裙是任何状态都可用的单品，如果你想出彩时，用小黑裙加精致配饰和红色口红；如果你想在人群中不被看到时，选择棉质 H 形小黑裙帮你隐形；如果你不想被人打扰时它帮你说"别烦我"；独处时它帮你更加专注，难过时它给你力量。

大学毕业时我的毕业设计叫《黑白画印》，我用黑色和白色创造出我心中的作品。此时，我又拿出自己的作品，依旧很喜欢，或许这就是黑色的魅力吧。毕业设计里我写了这么一段话："黑白可以引起激烈反应，能表现戏剧性，也可以表现内向和宁静。过去所看到的报纸、杂志以及电视机里的画面都是从黑白开始的，我喜欢黑白带来的震撼。黑白是'永恒的'，黑白是与无所不在的真实色彩的对抗。简单地从美学的角度看，在色谱中没有哪两个颜色像黑白一样有如此强烈的对比……"我的整个青春岁月里也都被黑、白两色填满，或许因为从小绘画每天和各种色彩打交道，到了自己身上反而最喜欢极简的黑白，除了热恋期出现过的粉红色服装和花裙子以外，记忆中都是黑白的我，我却从不后悔拥有那曾被黑白填满的属于青春的衣柜。

### 7. 针织开衫：低调的华贵

不知道你有没有想过 50 岁的自己是怎样的，20 几岁的我喜欢写未来不同年龄的理想状态。22 岁的我写道：26 岁时我应该结婚了，27 岁我应该成为妈妈，30 岁要创办自己的品牌。神奇的是，这一切都按照时间表一一实现，后来我知道了原来这叫"梦想清单"，梦想清单拥有着神奇的魔力。我幻想着 50 岁的自己："穿着一件基本款的白衬衫搭配烟灰色的铅笔裙，外面搭配着一件烟灰色羊毛针织开衫，开衫上戴着黑珍珠胸针，依旧保持着年轻时的身材，坐在自己如同艺术馆般的家中写着自己的第 10 本书。"这画面如此的真实，为什么会是针织开衫呢，因为我希望 50 岁的自己是睿智和雅致的。

原先的我一直认为开衫是属于 50 岁的单品，直到做了妈妈后，针织开衫悄无声息地出现在我的衣橱中，渐渐爱上了这款单品。年轻时，我认为这个单品只能表现优雅、儒雅、端庄，如今我发现这个单品实在太容易勾勒出女性的气质了，它时尚、潇洒又温柔，还有一种难以言表的低调的奢华。

或许有人会说，一件开襟毛衣而已，怎么被我说得如此好呢？当了解了每一件单品的由来，我们就能穿出这个单品的魅力。那么针织开衫的前世今生如何呢？

针织开衫的英文是 Cardigan，这个单词来自英国贵族封号。针织开衫和历史上最著名的卡迪根伯爵——七世詹姆斯·托马斯·布鲁德内尔[1]有着密不可分的关系。在著名的巴拉克拉瓦战役中，卡迪根伯爵面对火力和人数占优的俄军，率领英国轻骑兵旅发起了英勇的冲锋。卡迪根伯爵及其轻骑兵部队在战场上为御寒而穿的开襟羊毛衫出现在为描绘这场战争的著名油画中，为纪念卡迪根伯爵，人们就用他的封号 Cardigan（卡丁衫）来称呼这种开襟羊毛衫。自此这种"前面系扣的针织毛衣"开襟羊毛衫就成为时尚圈的宠儿，成为西方绅士的最爱。于是，出生于硝烟弥漫的战场的卡丁衫拥有着一股高贵的气质。

卡丁衫色彩的选择以简单的灰色、黑色、米白为佳。当你的衣橱中有一件灰色卡丁衫（特别是灰色无扣的款式）后，你会发现春天和秋天时服装多了很多搭配，无论是碎花连衣裙还是纯色衬衫裙，只要搭配上它，都会多了一丝洒脱和随意。对于早秋和春末，早晚凉爽中午温度高，一件可以随意折叠的卡丁衫放在包里既保暖又方便。

卡丁衫的材质多种多样，有接近透明的材质适合夏天当空调衣，春秋季节可以选择羊毛材质，再冷一些可以选择加厚羊毛针织衫。

在款式方面，有带扣和不带扣的，也有短款和长款之分。带扣的款式更加经典雅致，不带扣的款式更加随意洒脱。

---

1　詹姆斯·托马斯·布鲁德内尔，James Brudenell（1797 ～ 1868），维多利亚时代的英国骑兵中将及政治家。

　　以上是为大家精心挑选的经典单品，这些单品可以让你在各个场合之中展现出精良的形象。

# 四、给闺蜜的穿搭笔记

　　前面我们学习了各种穿搭技巧和百搭单品，接下来为大家展示实物搭配，给大家一些真实穿搭灵感。

　　例如我们以一件白衬衫为搭配主旋律：如果搭配 A 字裙、鱼尾裙非常适合职场，体现出职场女性优雅的专业感。即使是相同的单品搭配不同的丝巾、项链也会呈现完全不同的风格。单品可以拥有怎样丰富多彩的搭配世界呢，让我们一起来看看。

闺蜜穿搭tips

白衬衫+阔腿裤
或者简洁长裙给人
大气职业的印象。

白衬衫搭配职业套装
记得用饰品增加
时尚感，
秋季还可以在白衬衫
外搭配丝巾给人大气
典雅的印象。

闺蜜穿搭tips

白衬衫+牛仔裤+小白鞋
给人轻松时尚的印象，
记得用饰品来点缀，
帽子、丝巾都非常适合，
丝巾不一定用在脖子上
还可以用在腰间。

白衬衫搭配A字裙
适合时尚职场，
搭配短裤适合时尚
休闲场合。
不要忘记用饰品点缀。

闺蜜穿搭tips

小黑裙&丝巾&围巾
都可以搭配出时尚感。

小黑裙+亮色配饰
例如：红色耳饰搭配红色靴子·
绿色手包搭配绿色胸针·
上下呼应的色彩带来
和谐的美感。

闺蜜穿搭tips

小黑裙可以搭配各色西服，搭配中可以运用腰带和丝巾增加时尚感。

小黑裙作为经典内搭单品，非常适合春秋两季做造型搭配，浅色针织衫、麻料风衣都是绝佳的搭配伙伴。

闺蜜穿搭tips

铅笔裙+衬衫
是非常经典的职场穿搭,
注意用丝巾或者项链点缀.

铅笔裙+衬衫
针织衫+胸针
是典型优雅知性的搭配方式.
女神奥黛丽赫本和英国王妃
也会常用的搭配组合.

# 五、构建你的理想衣橱

## 1. 衣橱是你的历史博物馆

衣橱的状态特别能够反映一个女人的生活，也隐藏着她的过去和现在，有句话说得好："把一个女人从出生到恋爱、工作、结婚的衣服都拿出来，你几乎就看懂了她的一生。" 作为形象顾问，我对这句话非常有共鸣，每当帮助客户整理衣橱的时候，我能够清晰地感受到她的状态，更加懂得她，也能够理解目前她的生活被什么卡住了。

印象比较深刻的一位未婚客户 Dana，她有一间让人羡慕的衣帽间，在帮她做衣橱整理的时候，发现她的衣橱里大多是不再适合自己年纪的服饰，在靠墙的大衣柜深处放着雪白的婚纱和红色晚礼服。那个午后听她讲了一段深刻惋惜的爱情故事，婚纱和晚礼服在 5 年前没能有机会穿在她的身上，她的衣橱也仿佛定格在了那一年。

现在的她一直单身，虽自在却也孤独，周遭的不理解和来自父母的期盼让她也开始有了焦虑感。很多女生对于不再适合的衣物处理方式和对待逝去感情的处理方式一样——就是不处理，等待时间自己治愈。结果满满的衣橱再也放不下更适合自己的衣服，身边有适合的人却因为前段感情无处安放。

那是很特别的一次衣橱整理，我陪着她和那件婚纱以及晚礼服道了别，开启属于她新的衣橱世界。

衣橱仅仅是衣橱吗？那是女人自己的"历史博物馆"。

大家可以通过整理衣橱去观察自己的状态，你的衣橱里只会有你最在意的场合的服装，而那些你没有用心思的场合在生活中我们不在意，但是不在意并不等于不重要。这里也想给大家讲一个真实案例。

在我的客户中，有一个让我印象很深刻的女孩，她是一家著名房地产公司的销售总监,工作能力超强且财商非常高,气质知性,身材高挑。她找我做形象设计时说,她想要设计约会形象,因为她恋爱关系处理不好,每每恋爱和伴侣相处半年内一定分手。

在做完形象定位后,我去她家中做衣橱整理,一打开衣柜琳琅满目的各式职业装映入眼帘,满满一个衣橱居然看不到适合约会穿的服装,我立刻明白她恋爱关系处理不好的原因。

大家换位思考一下,如果你是男生,忙了一天好不容易和喜欢的女孩子约会,对面坐着西装笔挺的女朋友,一次两次会有新鲜感,时间久了会不会感觉又经历了一次"面试"。相信恋爱过的你,一定经历过即将和自己喜欢的男生约会前翻遍衣橱试衣服的场景;热恋期的女生,衣橱中一定会有许多为他而买的各式服装。想起自己在热恋期曾经买过的各种粉色裙子,那是我唯一一段可以把粉红色穿得那么好看的时期,或许那是来自内心甜蜜的心情和衣服之间的相互呼应吧。

满柜子的职业装反映出她的内心还没有为恋爱做好准备,她的生活中恋爱并没有那么重要。在聊天中她告诉我:去谈恋爱确实是因为父母催婚催得着急,现阶段她只想好好工作实现自己的事业目标,最重要的是她还没有遇到真正让她心动的男生。

陪购时,我专门帮她挑选了几件休闲的服装,建议她在下一次恋爱前,工作之余去学习一样自己感兴趣的事。沟通后她说一直想要练习瑜伽,但是因为工作太忙又要忙着应付约会从未安排过。在那次陪购中,我们一起选了两套很有设计感的瑜伽服。

这是一个重要的提醒,让她的生活中除了工作之外还有别的东西,换句话说,要在职场之外先过好自己的生活,要学习给予自己幸福和仪式感的能力。

我一直坚信,可以自己创造幸福的人,美好的爱情迟早会降临。无论有没有爱情,请记住先成为你自己。

对于我们女性来说，最好的衣橱状态是什么呢？我认为是七分理智，三分感性。如果连衣服都要全然理智，人生还有什么乐趣呢？在这七分理智中包含了：你对自己身材的了解、DNA色彩、风格、场合、角色。这些分别是前面学习过的内容。那么，如何用它们来构建属于自己的生态衣橱？首先我们就从生态衣橱的秘密开始聊起。

### 2. 衣橱的马太效应

#### （1）衣橱里的"二八"法则

1895年，意大利经济学家维尔弗雷多·帕累托在研究国家的财富分布时，发现一个有趣的现象——每个国家的财富都呈现一种分布方式，少数人占据了大部分财富，形成2/8比例，后来科学家发现不止经济这样，这种分布方式在自然界和人类社会比比皆是，从语言的单词，国家人口分布等全部符合这种比例。后来更多人把它叫作马太效应，通俗来讲就是二八法则。

有趣的是，我们的衣橱也符合二八原则：有没有发现你最常穿的服装只有20%，另外80%的服装都躺在衣橱里"睡大觉"。在帮助很多客户整理衣橱时，我发现普遍存在的问题有以下三点：

（1）对自己不够了解，买衣服花了很多钱，但是衣橱里依旧感觉没有想穿的衣服；

（2）衣服都挺适合自己，但是一到重要场合就不知道穿什么了；

（3）衣服很多，但是都很相似，在某些场合穿不出自己的优势。

第一点，在前面的内容中有讲解，相信已经帮助大家解决了疑惑，这里我们来探讨一下第二点和第三点的问题。

要解决这两点非常简单，那就是总结出近期生活中都有什么场景和场合。例如一位职场妈妈的生活场景：有60%～70%的时间是在工作状态，10%的时间是和朋友聚会，20%的时间是陪伴孩子。

然后，去衣橱看一下服装比例是否相匹配。

在我设计的《为想要的生活而装扮》课程中，每次讲到这个部分大家都发现，自己的衣橱状况和生活场合完全不匹配。比如，一位职场女性职业场合状态占到她日常状态的 60%，可是她的衣橱中能够打造职业场合的服装大概只有 30% 的服装。衣橱就像我们的职场拍档，但是她能力有限，无法帮助我们实现想达到的目标。

《风格何以永存》这本书对衣橱的描述非常精彩："当你的衣橱里都是适合你的衣服时，你会感觉整个衣橱都是你的朋友、伙伴和团队，选对了衣服就像选对了知心朋友、生活伴侣、工作伙伴，一定是生活的加分项。"大家需要用这种思路，即衣橱与现实场景匹配的原则，去重新规划你的衣橱。

（2）用二八原则重新定义你的衣橱

如何处理衣橱与现实状态不相符的状况呢？我们可以学习生活里的智慧。在布莱恩所著的《关键点》这本书中，教我们如何提高工作效率实现自己的目标和梦想，这本书可谓是时间管理领域的具有代表性的书籍，虽然内容不多但是会给你很多启发。

关于如何提升生活质量和效率，他讲道：明确地定义你的业务或者职业生涯、考虑将来、确定你的客户、"开除"你的低价值客户、确定你的表现杰出领域、侧重于最有价值的活动、消除妨碍你的主要约束、选择采取行动。读到这里时我拍手称绝，这简直和衣橱的解决方案有着相同的底层逻辑。这些年越学习越发现最有效的解决方案往往适用于很多方面，或许这就是我们中国人说的：大道至简。

当拥有属于自己的服装系统，你会发现这种感觉很像你拥有了属于自己的时间管理系统，你将拥有更多的时间去做享受的事情。衣橱也是一样，当拥有了自己的生态衣橱，穿衣这件事便如同饿了就去吃饭的思维一样简单，不再需要为"明天穿什么""重要场合穿什么"而苦恼，穿衣将变成我们的乐趣，丰富着我们的生活。

如何打造你的高效衣橱？

① 明确你的定位——你想拥有的关键词都有哪些，例如在风格篇章里提到的"时尚""气质"这些关键词；

② 确定你的场合——生活中重要的场合有哪些；

③ "开除"你的无效服装——哪些衣服需要"开除"呢？变形的、有污渍的、不合身的、拥有不好回忆的。例如穿某件衣服时，经历了非常伤心的事，这种情况下建议"开除"，否则感性的姑娘们很容易在穿这件服装时想起悲伤的往事进入悲伤的状态。

④ 规划并入手基本款，衣橱占比 80%。

生活中要多做能带来更大回报和满足感的事，对于某些会阻碍你达到目标或者带来不好情绪的事情要少做或者停止做。其实衣橱管理同样如此，衣橱中什么样的服装相当于"带来更大回报和满足感的事"呢？一定是基本款。

什么是基本款呢？从色彩上讲，黑、白、米、灰、藏蓝色为主；从线条上讲，利落简洁，没有明显花边；从细节上讲，无过多修饰，没有大的图案和特殊的设计；从效用上讲，不夺目、不过时、百搭。常见的单品：纯色 T 恤、无图案的衬衫、小西装、烟管裤、A 字裙、衬衫裙、小黑裙等。当你的衣橱 80% 都是基本款时，你会发现衣橱变得极为高效，因为单品与单品之间可以组合成各式各样。

例如：白衬衫可以搭配烟管裤，也可以搭配 A 字裙。重点在于配饰上，用丝巾、耳饰、项链等做点缀。

那么衣橱里另外 20% 怎么使用呢？

用你喜欢的流行色、流行款式，以及满足你内心小幻想的服装来装点吧。

在你的衣橱里留下一个空间作为你的光芒衣橱区，什么是光芒衣橱：是那些你每次穿起来都会感觉到自信，感受到这件服饰能够表达你。这样的服饰也常常会受到周围人的夸奖，这样的服饰就是你的光芒衣橱。

现在，走到你的衣橱前，"听听"它在讲述关于一位你的什么故事吧。

### 3. 高效衣橱的价值不仅于此

曾经的我也是个"买买买狂人"，开始践行高效衣橱的动力还来自一个报道：

"每年我国大约 2600 万吨服饰垃圾，我们的地球降解服装根据材质的不同需要几十年到几百年之久。"地球实在无法消化这么多的时尚垃圾，这个报道震撼了我和我团队的形象顾问们，从那时开始我们彼此提醒，只买有品质感且百搭的基本款，渐渐我们都喜欢上这样的高效衣橱。

2020 年，新纪元的开端之年，新冠疫情暴发，几乎以势不可挡的姿态蔓延了整个世界。疫情肆虐的同时，也在测试着我们葆有良善之心的能力，我们能否跳出自己的生活看到更多。我们每一个人的小举动，都会影响到现在愈来愈紧密的地球命运共同体。在这样的反思下闺蜜力量发起蜜公益，希望把每个人微小的力量联结在一起，通过社群的陪伴，一起践行环保有机的生活方式。

我们开启了以下几个微小行动：

（1）提倡极简时尚，节制物欲，不做快消垃圾的制造者，把不再适合自己的服装送人或者捐到灾区；

（2）每周一素食，减少肉类摄入，关注身心健康，减少情绪垃圾；

（3）提倡绿色育儿，减少塑料玩具的购买，大家相互交换玩具；

（4）发起图书漂流活动，倡导旧书循环回收利用；

虽然每个人的力量是微小的，但是每个人的举动也可以鼓励其他人参与到绿色行动中来，以身作则，因为你的影响力是巨大的！

# 本章小结

亲爱的闺蜜们，到了这一章，你已经成为越来越了解自己的形象设计师了，我们一起来升级穿搭技术做以下几个练习：

① 根据自己的身材选出 3 种搭配方式，并拍摄全身照；

② 整理自己的衣橱，并开始构建你的光芒衣橱；

③ 将衣橱中的经典单品挂置一个区域作为你的光芒衣橱区。

完成的或者有疑问的闺蜜可以在微博上 @ 闺蜜力量晨曦，让我一起陪伴大家完成这趟美学进化之旅。

# 第五章

# 穿出你的闪光场合

# 一、职场穿搭有术

## 1. 从毕业到初入职场：这样穿能充满自信

在国际礼仪学中有一个重要的概念 TPO 原则：即着装要考虑到 "Time"（时间）、"Place"（地点）、"Object"（目的）。它的含义是，要求人们在选择服装、考虑其具体款式时，首先应当兼顾时间、地点、目的，并应力求使自己的着装及其具体款式与着装的时间、地点、目的协调一致，以达到人与环境的谐调。下面杉杉会从大学毕业、面试、初入职场到升职期这几个阶段分析一下穿搭要点，来一场杉杉升职记。

杉杉升职记

大学毕业　　　　求职面试　　　　入职工作　　　　仕途上升期

　　如果你是即将毕业的大学生，马上迎接人生新的阶段，你可以把整理衣橱作为一个新身份的转换。这时，你还处于学生和职场人士之间的过渡期，可以保留一些学生装用于休闲场合，需要注意的是在衣橱中专门留出一个空间给你的新角色，这也是在给你一种心理暗示，让你做身份的转变，那么衣橱中哪些衣服可以留给职场呢？

　　答案是简单的基本款。基本款就像是一张白纸，无论在上面写什么都能展现出来，因此可以把简单的白 T 恤、黑 T 恤、基本款牛仔裤、简洁的连衣裙或者衬衫裙等都留给职场。当在衣橱中留有这样一个重要位置时，你会在生活中为这个身份做好准备。

另外，可以给自己买一个职场包作为开启新身份的准备。学生时期，我们大多选择双肩包或者各类时尚用包，但是在职场中，包包的地位真的非同一般，它就如同男人的领带，代表着你的一种态度。假如你背着双肩包上班，给领导的感觉会像是一个学生，职场用包尽量大一些，多大呢？最好能够放下一个文件夹，可以是长方形的，规则的方形给人一种很稳定的专业感，这种视觉的传达会直接影响你在同事和领导心中的感受。

如果想要购买职业装，可以从一件休闲西装开始。很多女生会为了让自己更好地适应职场而去买西服套装裙，这里建议首选白色，因为白色可以和你衣橱里的任何颜色搭配在一起。如果选择休闲西服，可以和你大学时期的 T 恤搭配，既有职场范儿又保持青春活力，记住不要把青春活力看成是没有经验的缺点，多给自己肯定，自信是你面试时的王牌。

## 2. 别让千篇一律的职场装埋没了你的才华

面试着装属于场合着装的一部分，有关场合的服装，最重要的就是你的表达。很多女生会觉得为了让自己更好地面试，就会去买精致的职业装，其实这并不是很好的选择。刚毕业的你，此时的整体能力和阅历还不及职场精英，这个时候穿着成熟稳重的职业装会和你本身的青春活力产生一种不和谐感，面试是你和面试官的初次见面，拥有职业气息是第一步，那么哪些颜色能够传递出你的职业气息呢？经典白色和清新的浅蓝色、常规的细条纹都是职业装的标准用色。

　　最好化一些淡妆，如果不会化妆至少涂一下口红，口红可以选择自然色系，也就是和嘴唇颜色接近的，例如：豆沙色、裸粉色。另外，还要注意你面试的是什么样的公司或职位，要在面试前了解一下这家公司的文化，如果要面试的是程序员，那么你的着装可以更加简洁，你要展示的就是比较能吃苦耐劳，也不怕加班；如果要面试的是很需要创意的职位，你的着装就需要增加一些色彩和有风格的饰品，让面试官看到你是一个比较有想法的人；如果要面试的是销售、公关等需要和人打交道的职位，那么你的着装中可以加入暖橙色等热情色彩的内搭或者饰品。

### 3. 从职场小白到职位晋升的穿搭要点

如果你是职场小白，这个时期比较容易被贴标签。因此作为职场新人，你可以穿得简洁、简单，又保持青春活力。连衣裙、衬衫裙、休闲衬衫、牛仔裤都是可以的。总体要给人的感觉是，要有吃苦耐劳的精神，如果想要表现自己的创造力，可以增加小面积的有彩色在身上。

经过 2~3 年的努力，你慢慢进入上升期。大家有没有发现，无论是中国《北京女子图鉴》还是美国《穿 PRADA 的女魔头》中都有一个小细节，女主角从刚出校园时经常被同事当成随意使唤的"便利贴女孩"再到慢慢找到自己的定位开启职场

逆袭，往往都是从一件衣服开始表达的。

服装是非常符合我们的心智模式的，大家想象一下，当你听到对方说刚入职的姑娘时，脑中出现的就是：扎着一个马尾辫或者齐刘海短发，穿着带有蝴蝶结的粉红色学生装，T恤牛仔裤这样的形象。但是当我们说出"这个女生工作能力超强"时，脑中是不是自然呈现出一个精英女性的形象。什么是精英女性形象呢？下面我们从三部电视剧里的人物形象讲起。

《欢乐颂》里的安迪，笔挺的西装，利索的短发是不是非常符合我们心智模式中的精英女性形象呢；或者像《我的前半生》中的唐晶，干练短发，白衬衫加铅笔裙，简单的银色锁骨链和几何型耳钉。当然，不一定所有精英女性都是短发，例如《北

京女子图鉴》中陈可就是一头长发，但是会很利索地扎成马尾，有条不紊，黑色笔挺西装搭配霸气手包。

上升期的精英女性形象，可以适当减少身上的色彩，多用黑白灰做主色搭配，给人稳重、值得托付的感觉。

在我的学生中，有太多通过形象表达获得自己理想职位的例子。职场中最重要的是不断提升自己的职场技能，但不要忘记在修炼技能的同时，给自己更配备你能力的"装备"。就像玩手游，游戏中的升级打怪不能少，同时给角色配备适合的装备同样重要。

在职场中，一定要记得你想拥有的职场标签是什么，身份关键词是什么。在职场中，"外在其实就是你最外面的内在了"，提升自己的职场必备技能的同时，用升级你的形象来减少职场的沟通成本。

# 二、重要场合穿搭技巧

## 1. 约会场合：你被一见钟情时穿的是什么？

有一天，我和闺蜜们在群里聊了一个有趣的话题："你被一见钟情时，穿的是什么衣服？"

coco 说，当年陪学弟参加一个活动居然遇见了现在的老公，两个人一见钟情，后来她问她老公，当年是我身上的哪个特色吸引了他，他说是：因为她穿的格纹衬衫。coco 感慨：我就奇怪了，当年那个格纹衬衫在我看来那么普通，居然如此吸引他！

据我先生姚姚说，他对我一见钟情时，我穿的是牛仔背带裤搭配黑色紧身 T 恤，扎着一个马尾辫，提着化妆箱。那时他做音乐、拍摄 mv，我作为化妆师给他们团队化妆，他说化到他时他内心就开始小鹿乱撞了，我在他的印象中不属于漂亮性感之类的女生，吸引他的是我的认真和独立。

闺蜜 J 说，她与她先生第一次见面时，她的形象是"素颜 + 拖鞋"。作为每天都精致打扮的时尚先锋人士居然在素颜时遇见了真命天子，而且她爱人高大帅气。如今他们已经结婚多年，有两个可爱聪慧的儿子，两个人一直恩爱有加，无论我们是一起工作还是一起聚会，她先生总会在结束时接她回家，不是某一次，而是每一次。

作为研究形象与时尚的我们虽然了解让异性怦然心动的服装应该如何搭配，但是到了自己的爱情面前，一切穿搭技巧都显得如此的苍白无趣。《阿纳斯塔夏》这本书中有一段很精彩的描写，讲的是一个女孩为何一直未能找到心中所爱的故事，因为她总是试图用性感的身材吸引异性，而不是她本真的样子。

虽然初次见面的装扮让我们深深为自己吐槽，但是在日后的约会中还是会精心装扮，热恋期时各种"隆重出场"。

在心理学中，男性会因色彩对女性产生"化学"反应，例如红裙效应理论：男人认为红衣女郎性开放程度更高，这暗示了人类也许习惯于将颜色和生育力联系在一起。相对于那些身穿其他颜色的女性，男性认为身穿红色的女性更具吸引力和性感诱人。科学家研究发现，男性会坐得离那些身穿红色的女性更近一些，问一些更亲密的问题。美国心理学家亚当·帕扎达（Adam Pazda）等研究者对这个效应进行了新的研究。Pazda 认为这种颜色效应可能源于生物学。许多灵长类的雌性动物到了发情期，雌性荷尔蒙激素达到顶峰，脸部变得非常红润，而这似乎给了雄性行动信号。Pazda 表示，人类也是如此。科学家在之前的研究中证实，不管款式如何，哪怕仅仅是一件 T 恤，红色衣物也比其他颜色更吸引男性。

约会的服饰，你可以通过自己想要的表达来决定，色彩可以作为重要切入口，假如你想要表达的是：性感诱人，可以选择红色、玫红色、热情橙色的服装；如果你想要的表达是温柔可人，可以选择粉红色等柔雅的服装，或者选一对红色摇曳的耳坠。如果你要去参加相亲，切记不要穿绿色，绿色代表的和平和公正，很难和场合相搭。

　　情侣如果确定关系需要见双方父母时，建议穿浅橙色的连衣裙，搭配白色饰品，例如丝巾、珍珠耳饰。橙色能够传达出长辈们喜欢的特质：一个温柔有礼貌的姑娘，潜意识会感受到你是一个懂得经营家庭的人。不太建议穿粉色服装，容易让长辈觉得你是个需要被宠爱的小公主，但可以选择肉粉色这类低饱和度的粉色。如果你的肤色是冷色调的，无法穿出橙色的温暖感，可以选择橙色的半裙或者搭配橙色手包等。除了色彩以外，见长辈时，服装的款式尽量不要选择太过于时髦和暴露的款式。一些及膝款的连衣裙，或者基本款的带有温柔特质的款式或面料都是适合的。

　　适合浪漫约会的服装布料当属蕾丝，但是因为蕾丝面料过于女性化，在选择时要根据自己的风格来选，尽量不要大面积使用，比较适合作为点缀出现，这样既有蕾丝的温柔浪漫又不会太过于性感。除此之外，雪纺、纱等柔软的面料，也比较适合，会透出温柔的性格。

　　波点和花朵图案也非常适合约会场合，让人有可爱和温柔之感，波点透露出浪漫和时尚复古感。穿带有花朵图案的服装时需要注意，熟龄感的女生尽量选择大花朵，幼龄感的女生尽量选择小碎花，更能穿出田园般的美好。

如果是理性型姑娘想穿花朵图案的服装时尽量选择蓝绿色，或者热带植物图案更加相得益彰。如果想要突出自己的个性，那么融入一些帅气的硬朗元素也不为过，比如中性的乐福鞋、牛仔外套、小皮衣等。

需要注意的是，时髦的撞色、混搭、内衣外穿等风格并不是大多数男生喜欢的款，许多流行的时髦穿法对于他们来说简直像外星语言，完全 get 不到时髦在哪里？例如男生很难理解的时尚之一就是女生穿厚底松糕鞋。总体来讲，男生喜欢自然不做作的女生，所以尽量不要选太过于新奇，喜欢展现腿部曲线的款式和太过于暴露的款式。

当然，爱情中的奇妙物语不仅仅通过服装展示，但是服饰能够成为爱情里的美好搭档。

## 2. 成为晚宴中最闪亮的星

也许每个女生都曾幻想过，自己在一场美好的晚宴中穿着曳地长裙的美好场景，每个女人的衣橱里都会因为一件美好的晚礼而变得熠熠生辉。或许你会说，你的生活中根本就没有这种场合，如果你的衣橱中一件晚礼服都没有，那就更不可能遇见这样的场合了。

我们每年都会策划各类派对或者小晚宴，比如我们的线下课堂的结业典礼就是一场小型的派对：会为学员准备精致美好的环境，每位学员都穿着自己精心准备的晚礼服，整个人都闪耀着光芒。那一刻会成为她自己的定频，让自己知道，我可以如此美，我值得拥有最好的一切。

那么晚宴场合如何穿搭呢，最简单的就是选择一件适合你肤色的经典连衣裙。长度可以有两种选择：膝盖以下 3 厘米，或者直接到脚踝处。可能你会觉得大长裙是给拥有大长腿的女生准备的，其实不然，大长裙恰恰可以让我们从视觉上增高，方法就是用前面提到的 1：9 的穿搭法。然后，搭配一条闪耀的项链或者艳丽色彩的丝巾，一定会成为整场晚宴的焦点人物。

如果不知道自己的光芒色可以选择小黑裙。小黑裙在衣橱里一定不会被闲置，即使没有晚宴场合，依旧可以作为春秋季节的内搭，小黑裙外面搭配西服或者风衣都是不错的选择。

### 3.旅行穿搭："偷懒的美丽"有三宝

旅行穿搭也有非常实用的技巧，很多姑娘们旅行结束都会遗憾旅途中没有拍美丽的旅行照片，一是由于伴侣或者搭档拍照技术不好外，二是服装的穿搭问题。

因为旅行习惯的不同，并不是所有姑娘们都喜欢惬意地慢慢享受。

旅行穿搭有三宝：帽子、墨镜和口红。旅行通常要去的地方很多，很多人没有时间化很精致的妆容，所以我们只需戴着帽子、墨镜，多带几支口红就 OK 了。对于行程紧张的旅途中，是不太有时间去做发型的，帽子就是我们可以迅速凹造型的必备品！戴上墨镜涂上口红，即使不化妆也能拍出时尚范儿的照片来。大的披肩、丝巾，还有各种耳饰也是旅行时的好朋友。

在准备行李前，最好能了解一下目的地的景色、建筑物的色彩及风格。你穿的衣服尽量不要和当地的景色、建筑的颜色同色。例如，你去海边，就不要穿和大海同一个颜色的蓝，可以选择深几号或者浅几号的蓝；如果你去满是红砖的古镇，建议穿和红色对比强烈的颜色，拍照也会非常上镜。这样大家不仅能享受旅行的美食美景，自己也能成为美景的一部分。

### 4. 居家场合：迷人太太们的慵懒

提起家居服，我脑中出现的就是电影《人鬼情未了》里那动人的画面，戴安·基顿穿着白衬衫做陶艺，纯真又性感，那是我心中最美好的居家模样。当时，看这部剧时，我正和闺蜜同居着，低头看看我们可爱的宽大 T 恤睡衣，然后一起开玩笑约定说等恋爱了就拿男友的白衬衫当睡衣。

然而让我真的对家居场合改变认知的人是黑玛亚老师，她的书我常常推荐给身边的姑娘们和想要从事形象行业的姑娘们。她在《成就最美好的自己》书中写道："对于全职太太来说，家庭就是她的职场，家庭就是她的公司，在这个职场中她一定要有好的形象，让丈夫感觉为她、为家奋斗是多么值得，也让丈夫感受到自己在家里是多么珍贵，因为太太的着装就表明了这个态度。"

其实不仅仅是全职太太，对于职场女性也一样，作为职场女性的我也一样总是最在意在外的形象，而把懒散留在家中。在我的客户中，我也仅仅为她们设计职场、休闲、约会装等，而忽略了她们的居家场合。

　　家居服每天陪伴我们的时间很长，家庭也是我们每个人最重要的充电站。黑玛亚老师的这段话让我开始研究家居服，我发现从"懒散"到"慵懒"并不需要多么努力精致装扮，只需挑选好适合的家居服即可。

　　家居服面料我比较推荐的是：夏季选麻料、缎面、秋冬季选择天鹅绒；色彩选择你的光芒色。从"懒散"到"慵懒"还跟发型有关，长发的女生可以买较好品质的发带和发卡。

　　如果想要给自己定位一个居家风格，可以选择几个关键词。如果你喜欢性感华贵的风格，可以挑选绸缎的吊带睡裙加同面料的睡袍；如果你喜欢知性的风格，可以选择麻料的长袍；如果你喜欢纯美中带着性感的风格，可以试试白衬衫。总之，家居服如同恋爱时期的约会装，是每天伴随你和爱人最久的衣服，至少拿出恋爱时一半的精力去好好选择吧。

# 三、用形象标识让你与众不同

## 1. 找到你的视觉中心

　　视觉中心的打造不仅可以体现出我们自身的优势，还可以体现我们的个人风格、品位、品质和个人魅力。

　　我们先来了解一下什么是视觉中心。"视觉中心"一词出现于视觉艺术类的领域中，在绘画作品中画家以构图、色彩等画面元素吸引观者的眼球，让观者的注意力停留在他想要表达的主题上。例如雅克·路易·大卫的油画作品《拿破仑一世加冕大典》，虽然画面人物多达百人，但是因为构图和色彩的原因，观者的视觉中心都会停留在拿破仑身上。一幅画若没有焦点，观者的目光就无法被吸引进画面，会让作品看上去平淡无奇。

　　不单名画如此，大家有没有发现，好的家装设计、广告大片或橱窗设计都会有自己的视觉中心，这就是设计师或者艺术家想要表达的重点，令人印象深刻，那么这个视觉中心会有什么样的特色呢？

　　最常用的体现视觉中心的方法有以下几种：运用色彩，将主体物颜色和旁边物体形成强烈的对比，例如：视觉中心色彩鲜艳旁边色彩灰暗，或者反过来，主体色彩深邃旁边环境色鲜艳；通过质感，例如：视觉中心质感柔软，环境物质感坚硬；

通过位置，例如将视觉中心放在整幅作品中间偏上的位置。总之，在一个画面中，创作者是需要一个落脚点的。当一个画面有落脚点的时候，观者就会觉得这个画面看起来格外舒服、和谐。

下面，请跟随我来一起学习如何在穿搭中体现自己的视觉中心。

## 2. 如何运用视觉中心表达自己

### （1）用配饰作为形象标识

关于穿搭中的视觉中心我们可以效仿前面讲的三点，分别是色彩、质感和位置。穿搭的视觉中心最好是在胸部以上，常见的配饰有胸针、项链、耳环、丝巾、帽子。如何搭配呢？建议先从模仿开始，先模仿，然后再慢慢超越。接下来，我会给大家讲几位通过配饰打造视觉中心的高手，从她们身上模仿我们想要达到的效果。

◎ 胸针

关于胸针的使用，凯特王妃就是一个非常好的模仿对象。她特别喜欢用的形象标识有两个：一个是帽子，一个是胸针。她的胸针，也被作为一种友好和谐的信息传递方式。比如，她出访加拿大的时候，戴的是枫叶的胸针，来表达她对加拿大的友好。

胸针非常适合打造气质风格的视觉中心点，并且能够展现出女性的魅力，让女性举手投足间充满吸引力，让人产生好奇心和遐想。我刚开始工作时，身边就有一位爱戴胸针的姐姐，印象深刻的是她经常戴一只麋鹿图案的胸针，那时的她还是一位政府公务员。我每次见到精致的她都会展开无限遐想：她戴的胸针真好看，一定是一个热爱自由的人。几年后，她开始自己创业，依旧爱戴麋鹿图案的胸针，胸针作为形象标识，传达出她想要表达的含义。

◎ **项链和耳钉**

项链和耳钉也可作为形象标识。如果想要展现知性气质，珍珠是非常好的选择，特别是对 30 岁以上的女士而言。当然也有一些女生会觉得自己现在还年轻，戴珍珠饰品不太适合自己的气质。其实珍珠不挑年龄，需要注意的是款式：首先，珍珠不能太大；其次，建议选带金属搭配的款式会更有时尚感；第三，珍珠的颜色不一定要选择米色、粉色这类太过雅致的颜色，可以尝试独特的黑珍珠。年轻女生职场搭配建议选择小颗珍珠加金属设计的款式。

关于耳钉和项链的搭配，有一点要注意：耳钉和项链尽量选同色系的。如果耳钉颜色为银色，例如铂金，项链建议也用银色；如果耳钉颜色为黄金或玫瑰金，项链也应出现这种色彩元素。如果耳钉和项链用不同的颜色，比如黄色和银色混搭，在我们的面部三角区则容易出现不和谐感，因为黄色是暖色的，银色是冷色的，所以耳钉和项链统一色调，就会在面部的视觉之间交相辉映，形成和谐的美感。

◎ **丝巾**

丝巾是另一个打造视觉中心的重要元素。如果想要表现出优雅浪漫，对自由的向往等风格，丝巾是非常好的道具。有很多小伙伴会说，不太会系丝巾。实际上，丝巾不需要太烦琐的系法，只要体现出大方、时尚的风格即可。我个人最喜欢的系法非常简单：从自己的首饰里选一枚有设计感的戒指，然后用戒指把长条形丝巾的两端系在一起作为丝巾扣。不管是哪种风格的人，都可以 Hold 住这种丝巾的戴法。

下面给大家推荐三种比较好用的丝巾。

◇ **小方巾**

小方巾，不一定要戴在脖子上。小方巾的系法有很多，如果脸盘比较大的姑娘要注意小方巾的系法，比如系上小方巾后脖子变得更短，就可以把它系在包上、腰带上，休闲时还可以系在胳膊上。在选择小方巾的图案时，需要注意：如果在职场中想要体现专业感，建议选择简洁的直线条，图案色选纯色；如果想要体现更有女人味的魅力，可以选择有彩色的搭配，比如花卉的、艺术的图案。慢慢你会发现，随着岁月的沉淀，我们穿越鲜艳的颜色越好看，用越高贵的珠宝越适合，我想这也是年龄的一种恩赐吧。

### ◇ 领带丝巾

领带丝巾，非常推荐给职场中偏理性型和洒脱型的女生使用。领带式的丝巾其实已经流行了两三年，它的设计来源于男士的领带。系法也非常简单，直接在脖子上绕一下就可以，或者直接在胸前交叉。大家可以根据自己的衣橱状态去选择颜色，如果衣橱里衣服的颜色都比较鲜艳，领带丝巾就可以选择黑色、白色这种无彩色的；如果衣橱里衣服的颜色多为黑白灰色，则可以买色彩鲜艳的领带丝巾点缀。此外，包包、鞋子的颜色与丝巾的颜色也尽量要协调。

### ◇ 大型方巾

大型方巾非常适合成熟有韵味或者拥有强大气场的女生佩戴。夏天，大型方巾可以当作空调房的披肩，春天、秋天、冬天可以作为内搭。衣橱里服装色彩以黑白灰为主的女生，大方巾是点亮衣橱的神器。

◇ **领饰**

说到领饰，这里想分享一位女性的故事，她值得被全世界的女性铭记，那就是美国法学家，女权主义者，美国联邦最高法院历史上第二位女性大法官——鲁斯·巴德·金斯伯格。

她的一生都在战斗，为男女平等而战，为女性的生命而战，就像守护正义的神奇女侠。年轻时候的她遭遇过许多歧视，1950 年当她考上哈佛大学的研究生时，当时的学校领导竟然问她："你为什么占了一个本应属于男性的法学院席位？"鲁斯想去图书馆学习，结果被保安拦在了门外。当她询问原因时，保安说道："因为你是女生。"

但她并没有让愤怒占据心灵，而是在冷静思考之后，利用自己的长处，拿起法律的武器，从根源上追求女性的平权。她做出的种种努力，深刻地影响了美国女性乃至世界女性的生活。

在她的衣橱里，有一样饰品成为她无声的语言——那就是装饰领。

大法官办公室的衣橱里，装饰领占了一半的悬挂面积。在她看来，标准的法官长袍是为男性定制的，以露出衬衫和领带，但首位联邦最高法院女法官桑德拉·戴·奥康纳和她都认为，可以在衣着方面加入女性化的特征，而且极为重要。装饰领是她的标识，不同的领子都有各自的含义，甚至当她开口之前，人们凭此就能猜到她的态度。

她用独特的方式表达着自己的身份、自己的风格、自己的选择。在我们的穿搭中，也可以像金斯伯格一样用一件特别的饰品作为自己独特的表达。

领饰作为离面部很近的饰品也比较容易成为视觉的焦点，非常适合作为表达自我的形象标识物。

（2）用色彩作为形象标识

色彩也是非常适合作为形象标识的方式，如果你有非常喜欢的颜色，而且你又能够驾驭，那么多收集这个颜色的服装、鞋子、包包、饰品，慢慢你会在大家的心中形成一个"视觉锤"，让人看到这个颜色就立马想起你。

乔布斯是一位用色彩作为形象标识的高手，有"果粉"整理乔布斯从 1998 年到 2010 年在苹果发布会的照片，发现 12 年来他在发布会上从未改变过他的穿着——黑色高领套头衫、Levi's 501 牛仔裤还有 New Balance 922 运动鞋。

在乔布斯去世后，他官方授权的传记中曾记录了乔布斯这一身"永不更换"的行头的来源：乔布斯在参观索尼工厂后非常喜欢他们员工的制服，想请三宅一生为其苹果员工设计制服，没想到遭到自己员工们的否定；之后与三宅一生成为好朋友的乔布斯，请他为自己设计一些他喜欢的黑色毛衣，上百件的毛衣就成了之后乔布斯每次面对大众时的固定装扮。传记中写道：在乔布斯向三宅一生提出设计黑色毛衣时，他就曾想到过这将会成为一个标志风格。很多东西不是偶然，乔布斯把自己做成了比苹果更深入人心的"标志"。

我大胆揣测一下，这件黑色毛衣和苹果品牌作为风格的共性关系所表达的关键词，它们都在说：我是专注和极致的。

下面我想分享一个同样用色彩讲述自己的故事，她是一个非常具有传奇色彩的女人，每次出现在公众视野，几乎都是鲜艳的色彩或者强烈的对比色，体现出她独特的异域风情之美，她就是曾经刷爆了我们朋友圈的卡塔尔前王妃谢赫·莫扎。

谢赫·莫扎本是一个普通的女孩子，她的父亲因为公开反对一个部落的酋长独占资源与财富而被囚禁，她自己则和其他家人被流放到科威特，15岁才回到故乡。18岁的时候，莫扎在卡塔尔大学修读社会学遇见了王子哈马德，而这位王储，就是当年把父亲送入监狱的哈利法首领的儿子，而且在她之前已经有了一位妻子。所以嫁给心爱的王子成为王妃的时候，大家可以想象莫扎的处境，在婚礼上她的家人被要求不能观礼。然而莫扎没有像这样的处境低头，她运用自己独到的眼光从她公公手里赚到了第一桶金，再用这些钱投入珍珠的人工养殖，然后不断发展。

当自己的能力和财富变得越来越强大之后，她又投资了很多产业。在欧洲，她花了4亿美元带回许多艺术佳作，很多还是出自当时正受争议的艺术家之手，这一举措据说让一向宠爱她的哈马德也反对不已，但是又很难阻止，因为莫扎用的钱都是自己为王室赚来的。莫扎的这一举措带来了什么呢？她使卡塔尔这个国土面积大约只有中国一个直辖市大小的国家，成为艺术帝国，目前已拥有三个世界著名的博物馆，为整个国家的旅游业带来了巨大的变革，同时让卡塔尔取得"一线国家"的话语权和财富，媒体人这样形容莫扎王妃，"如果整个卡塔尔在某种程度上被称为一个公司，那么谢赫·莫扎已经是这个公司的CEO了。"

莫扎因为热心教育和公益，不仅被联合国教科文组织聘为基础教育和高等教育特使；还被福布斯评为全球100位最有权力的女性之一。

莫扎的故事如此精彩，背后更多的是不为人知的隐忍和内心的强大。拥有这样强大性格和能力的女士，非常适合用鲜艳的色彩和独特的装扮成为她的形象标识。大家可以去了解更多关于她的故事，真的非常有力量。如果你想要表达的是这样的力量感，女强人特质，也可以用这种鲜艳的色彩作为你的视觉中心。她还创造性地把传统阿拉伯女性服饰和现代时尚巧妙结合，每件礼服和套装都有相应搭配的头巾。你也可以独创属于自己的独特视觉标识。

### 3. 如何设计自己的形象标识

关于形象标识的打造思路，有一个品牌可以给我们很多灵感——那就是女人们钟爱的香奈儿。大家有没有发现，有一种花开遍这个品牌，它就是山茶花。从1930 年开始，一朵白色的山茶花开在了小黑裙上之后，这个元素便一发不可收拾地在这个品牌遍地开花，成为这个品牌王国的国花。香奈儿女士为何如此喜欢这种花呢？那是因为她最爱的情人亚瑟·鲍依·卡柏送她的第一束花就是山茶花。就连香奈儿卧室里的中国屏风上也有山茶花的身影。在你的生活中有没有哪种植物对你来说具有特殊意义，比如你收到爱人的第一束花是什么呢？

在我的客户里，有一位姑娘听了这个故事后，选择了枫叶胸针作为她的形象标识，也给我讲了她和她先生的浪漫爱情故事。她和她的先生在大学时期异地恋了 6年，她的大学在海口，而她先生在北京。每次放寒暑假她先生回海南看望她都会给她带很多片从自己校园摘的枫叶做成书签送给她，因为她很爱看书，觉得枫叶书签适合她，有时还会在枫叶上写上几行歌词。多么美好的爱情，听得人心里暖暖的。那天我和她一起选了好多款枫叶胸针，没有比这更适合她了，后来她告诉我，她先生如今又开始送她枫叶了，只是不再是树叶而是胸针。有时一个美好的形象标识能够带给你的比你想象中的还要多。

还有什么元素可以作为形象标识呢？我们依旧看回香奈儿这个品牌。在整个设计中，还经常出现的一种形状——菱形。1955 年 2 月，第一款菱格纹手袋诞生，2.55手袋也因这个日期而得名，随后香奈儿很多经典款的包都是菱形格纹，这个菱形格纹来源于哪里呢？

《可可·香奈儿的传奇一生》这本书，讲述了香奈儿女士跌宕起伏的传奇人生。

她从小在孤儿院里长大，孤儿院床铺对面窗户的教堂玻璃上面都是菱形的格纹，晚上每当月光照进来的时候，这些菱形格纹照亮了她睡前的时光，对她产生了很大的影响。后来，在她的设计中，这种菱形格纹就不断地被她运用在产品的设计上。如果你的生活中，有对你影响颇深的图案也可以用于个人形象标识，我有一位可爱的客户，因为名字叫圆圆就用了圆形作为形象标识，这位叫圆圆的姑娘常穿着各式波点图案的单品，很是有法式风情。

如果以上都没有，你还可以用数字作为你的形象标识。香奈儿的设计中，非常著名的数字，就是 5。巴黎香水界的"名鼻"Ernestbeaux 研制了多款香水样品，让 Chanel 女士挑选最合她心意的一款，她挑了第 5 款，并简洁地把她的幸运数字 No．5 定为此款香水的名字。如果你跟数字有一段渊源，也可以选择用数字作为形象标识，例如名字的谐音，琪琪＝ 77，伊伊＝ 11。

香奈儿的设计中除了以上这些标识以外，还有一种动物标识常常出现，那就是金色的狮子，这种动物常常出现在香奈儿品牌的扣子等细节上。在香奈儿等私人公寓里，处处可见狮子造型的身影，这些狮子摆件放在书架、书桌等处处可见的角落。香奈儿与狮子的渊源从她出生就开始，生于 1883 年 8 月 19 日的香奈儿是个狮子座女孩。她与狮子的缘分除了星座外还因为一次旅行。卡柏死后香奈儿一直沉浸在失去挚爱的痛苦中，香奈儿的闺蜜米西亚邀请她参加自己的蜜月旅行，希望她能从悲痛中振奋起来（女人最悲痛的时候果真都是闺蜜相伴），她们一同前往威尼斯，这次旅行对香奈儿来说是一趟发现之旅，她渐渐抚平内心的伤痛。作为这座城市的标志，狮子是圣马可的象征，也是威尼斯的守护神，在整个旅行中狮子都随处可见，狮子座女孩香奈儿坚信这些巧合中蕴含着特别的意义，从此便把狮子作为自己的保护神。香奈儿女士过世后她的墓碑上也雕刻了五只雄狮，这五只雄狮作为她的守护神一直陪伴着她，这也是为何香奈儿品牌的秀场常出现雄狮作为背景和装饰的原因。2013 年和 2018 年香奈儿品牌分别推出 "SOUS LE SIGNE DU LION" 和 "L'ESPRIT DU LION" 高级定制珠宝系列都是由狮子为灵感设计的。如果你和某种动物之间也有难忘的故事，也可以用动物作为自己的视觉标识。例如我朋友的儿子小名叫"小海豚"，她就做了一个亲密育儿品牌——"海豚妈妈"，后来在个人形象上也把海豚作为了自己的形象标识，让人一下子就能记住她和她的品牌。

用动物作为形象标识的例子，还有一位是蔡康永，相信大家都看到过他的肩头常常"停着"一只黑鸟，黑鸟是他在综艺节目中的标志性装扮，这个形象来源于电影大师希区柯克的作品《群鸟》，这是他致敬大师的一种方式，也成为他特立独行的形象标识。

讲了这么多故事，希望能够给大家带来灵感。大家可以回忆一下，从小到大，有没有对自己很有影响的植物、动物、形状、数字，用这种思路看看能否成为自己的形象标识。如果你还没有联想到这些形状图案的话，就可以通过配饰、颜色、丝巾，从中选择一到两种打造你的视觉中心。

你的品质、故事融入你的形象穿搭中，会获得更有影响力的关注度，让身边的人因为你展现出的独特魅力而想要走近你、认识你，这就是行走的具有个人品牌影响力的穿搭方式。

# 四、个人形象管理技巧

大家都明晰了自己的形象定位，了解了自己的色彩季型、风格、辅助风格、光芒色以及身材后，就可以开始学习一套形象管理技术——形象 IRS 技术（Image role shaping，也称形象角色塑造）。是我用于剧组形象设计的工具，这套工具同样可以用于我们日常的穿搭中，服务于我们的生活。

在剧组中，导演会在开始拍摄前，把剧本发给我们，我们根据每一场戏设计服装和妆容。所以整个设计过程，先有这一段文字的描写，然后根据文字设计角色的服装、妆容以及道具，在剧组开拍前准备好相应的一切，每个角色，每一场戏都有相呼应的服装、妆容和道具。

那么，在生活中我们也是在塑造着一个又一个角色，我们想演好每一个生活中的"角色"，就需要与这个角色匹配的"戏服"。当我们准备好相应的服装，也是在为这个角色准备好相应的状态。

这个方法非常简单，用三步就可以完成。

第一步：盘点一下在生活中你的重要角色，例如母亲、妻子、职场女性等。建议首次做 IRS 时，只选出最重要的 3 个角色，因为我们的大脑会对聚焦的事物有更深刻的印象，其他的角色可以在下次用相同的方式梳理出来。

第二步：写出你希望这些角色具备什么样的关键词。例如，"母亲"这个角色的关键词为有趣、阳光、充满爱。

第三步：根据第二步的关键词，相信你会想到，需要欢快一些的色彩，然后再看目前的衣橱里有哪些服饰可以匹配这些关键词。如果你发现衣橱中没有相匹配的服装，就可以列出购物清单，这就是角色的构建。如果在角色构建时都能像选婚纱一般认真选择每一个角色的服装，相信那个角色也能呈现出超越新婚做新娘时的美好。

# 本章小结

亲爱的闺蜜们，到了这一章，我们的学习也进行了一大半，你们是否已经开始被身边朋友称赞衣品了呢，为了助力大家成为闪光闺蜜，我们来梳理一下场合着装：

① 梳理自己经常遇见的场合；

② 每个场合为自己搭配 3 套服饰，并拍照；

③ 设计自己的形象标识。

完成的或者有疑问的闺蜜可以在微博上 @ 闺蜜力量晨曦，让我一起陪伴大家完成这趟美学进化之旅。

第六章

# 穿出你的理想生活

# 一、服装是我们的情绪调频器

### 1. 你的频率创造你的生活状态

2015 年，产后的我经历了漫长的抑郁情绪，引发了严重的身体疾病，也因此开始关注和学习心理学。慢慢自愈后的我在教学之中接触到越来越多的女性，特别是妈妈们，我发现大多数女性在存在情绪方面的问题。我开始在形象课中加入心理学的知识，这几年和大家一起成长的过程中经常收到学员们的反馈，她们对自己越来越具备觉察力，个人生活状态慢慢变好，让我欣喜不已。

ILLUSTRATION BY LING

是的，如今的我们每天都被巨大的信息流包围着，工作和生活的压力与日俱增，外界的压力又会导致内心的焦虑产生精神压力。2020 年世界卫生组织公布的一项调查结果显示，心理疾病将成为继心脏病之后人类面临的第二大常见疾病。据德国媒体报道，全球范围内，每四个人中就会有一个人患有不同程度的心理疾病。近一年的统计显示，全世界将近 1.2 亿人有着不同的心理问题。

所以和各种情绪共处成为当今时代的我们都需要学习的能力。为什么经济越飞速发展，情绪问题却越严重呢？《心流》的作者米哈里·契克森米哈赖（心流理论之父、积极心理学奠基人）解释了这个问题——精神熵。

"熵"是热力学第二定律，能量不可避免地从高处流向低处，由有规律的状态流向混乱无序，最终进入"熵"的状态。"精神熵"就是指，只要缺乏足够的管理和维护，人的精神状态会自动自发地趋于混乱、涣散、无序。了解这个后，你就会理解经济越来越发达会带来"熵增"的结果。

那么运用心流来对抗"熵增"是现代人必修的功课。抵抗"熵增"非常好的方式是通过心流获得心智成长。心流是指一种人们在专注进行某行为时所表现的心理状态。

如何获得心流：

① 确立目标 直面挑战；

② 自律、投入、忘我、流动；

③ 保持内外一致的简单状态；

④ 以内在秩序对抗"精神熵"；

⑤ 方向 + 努力 + 天赋 = 内心的秩序与安宁。

梳理自己，通过认识自己来认识世界，收获更多心流。从心流中，创作"将心注入"的作品。

如果大家觉得太复杂，那么从"回到自己身上"开始，因为这是一切问题的出口。在整个形象设计的过程中，无论是色彩、风格、搭配还是衣橱都在做回归自己这个最重要的步骤。

说到形象和心理的关系，有一种常见的现象：女生失恋或者情感遭受打击时喜欢做的一件事就是剪头发。正如一首歌里唱的："我已剪短我的发，剪断了牵挂。"

"剪发"与"治愈情绪"有关系吗？

答案是：有的。

著名心理学家威廉·詹姆士曾提出，自我是有两部分构成，一个是主我（I），另一个是客我（Me），而客我又分为"物质自我""社会自我"和"精神自我"。

其中，"物质自我"就包含了身体的自我。

头发作为身体自我的一部分，当改变了它，会让我们拥有改变自我的力量，并且在改变的同时也让我们获得一种掌控感。

因此，形象上的改变让我们积极主动地获得力量感，让自己走出阴霾，逆境让我们更加擅长反思，并且更认真地尝试塑造新形象，用形象上的突破来获得内心自我成长的力量。

当我们每天用心装扮，会发现自己的生活会发生很大的变化，正如知名时尚博主黎贝卡所言：今天也要认真穿，认真对待自己，这样每一天都值得期待。

## 2. 学会用美好的事物给自己调频

我经常被小伙伴问到一个问题：晨曦，每次见到你都是满满的正能量，你的生活都那么美好吗？你哪里来的那么多正能量呀？

在这里我想坦诚地告诉大家，我经常会有抓狂的小情绪，加上又是个内心"小剧场"很多的人，属于情绪异常丰富那类，所以经常开玩笑说，像我们这种"艺术家"性格的人，一定要懂得管理自己的情绪。今天就给大家分享我的小锦囊——给自己一个心情急救清单。

书写清单时，建议大家在状态比较好的时候写，我们的感受可以从身、心两方面来记录，记录下做什么事可以让自己的心情变好，例如有的人爱吃火锅，有的人爱做指甲，有的人喜欢做头发或按摩，这些都是满足身体喜好的行为。你会发现当有了小的情绪时，或许一顿火锅就解决了。为什么一定要记录下来比较有效呢？因为你会发现当情绪来的时候，女生的智商和记忆都不怎么好，我曾经就是这样，小情绪上来了就什么都不想做，其实是你的大脑没有为你提供清单。

再回忆一下你的心喜欢被什么滋养，例如看书、看电影、听音乐、冥想和最好的闺蜜聊天，独自旅行。将这些都记录下来，你会发现当有大的情绪时，就需要心的滋养。当我发现处于人生低谷时，需要绘画的滋养。还有很多女生在失恋后或者大的创伤后都需要一场独自旅行才能缓解。另外，你也可以记录下来在这种情况下，你最想和谁聊天，如果在心灵深处有愿意沟通的人，无关距离，但是特别懂你，那将是你心灵最大的慰藉。有了这样一份清单后，在遇到情绪时，可以按下面的步骤练习：

（1）先感受身体不舒服时，主要体现在哪个部位。我们开心的时候整个人都是舒展的，但是，当你悲伤的时候整个人都是紧绷的，很想躲起来，例如每次我情绪一上来就觉得嗓子特别紧，说不出话来，口干。有的人可能会有胃痛或者头痛，手脚发麻的症状。感受身体不舒服的部位，关注情绪的来源。

（2）先做几个深呼吸，让自己平静下来。李欣频老师曾经在她的课堂上教了一种她面对情绪时的"海浪法"，想象这波情绪是一个巨大的海浪，你随着海浪起伏，情绪就会在这个状态下慢慢沉静下来。

（3）拿出清单，选择其中一个可以让自己心情变好的办法，比如听音乐，我的电脑里就有专门针对焦虑的音乐，针对负能量状态的电影。这里给大家推荐三部在我最低落的时候都会看的电影——《朱莉与茱莉亚》《触不可及》和《恋恋笔记本》，大家可以试着看看。

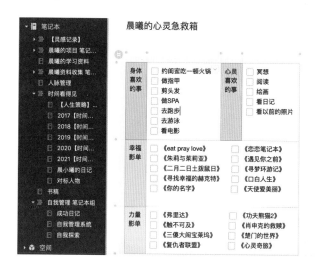

有了这个清单，我基本上遇到的情绪或者事件就可以消化了。经过这几年的情绪管理，基本控制得比较好不太会被情绪困扰。

美好的事物本身自带疗愈，就像你在房间摆上鲜花和没有鲜花，房间状态完全不一样，大家可以试试给自己一个怦然心动的空间。有时，仅仅是一个心仪的花瓶、一束美丽的花、一张美丽的桌布、一盏有艺术感的台灯。每个女生都应该有属于自己的这一方天地，有属于自己的这块哪怕10平方米的空间和每晚1小时的时间，这个时间可以是孩子、爱人都睡了之后，和自己用自己最爱的方式相处，这也是我的个人品牌"晨曦的一室一间"的概念。大家也可以找一个让自己忙起来但是心静下来的事情和自己独处，例如绘画。绘画曾经帮助我几次度过最艰难的时期，怀孕时的孕期焦虑和生完孩子的产后抑郁都是通过绘画帮我走出来的。很多小伙伴会说自己是"手残党"，但其实绘画是我们每个人与生俱来的能力。绘画时，我们会拥有一种自由，一种可以创造的自由，在一呼一吸，笔尖和纸碰触的过程中创造一个世界。这个时候所有的焦虑和烦闷都会被按下静止键。有时候，我们需要一个载体去实现自我的自由，正如设计师有设计的自由，舞蹈家有舞蹈的自由，作家有写作的自由。

当然也可以是种绿植，做手工。总之让自己忙起来，去做美好的事，让大脑停下来，让心闲游，让自己回到自己的身体里，这种快乐你值得拥有。

# 二 为想要的生活而装扮

## 1. 五大维度开启理想生活

### （1）如何用服饰的力量实现愿望

不知道各位小伙伴有没有每年写梦想清单的习惯，每年年底我都会写下一年的梦想清单，当我开始有意识地用服饰帮助自己调频后，实现的梦想也越来越多。

去巴黎一直以来都是我的梦想，但很长一段时间都没有实现。很小的时候，有一位阿姨送给我一个埃菲尔铁塔的存钱罐，那时她刚从巴黎演出归来，兴奋地跟妈妈讲着巴黎见闻，我在旁边听着，想象着长大的我也像阿姨一样穿着长裙漫步在香榭丽舍大道。

这个梦想一直在我的清单里，但似乎又离我很遥远。直到 2017 年 11 月，我在李欣频、林书民老师的课程中学习到一个超棒的概念——全息化生活。这里的全息化是指信息的全息化，具体指在多媒体环境下，综合运用文本、图形、图像、音频、视频、动画等多种类型信息。书民老师本来就是一位艺术家、策展人，设计过很多全息化的作品，并把这种思维方式用于生活之中。

书民老师给我们分享他用全息化生活买下自己梦想中房子的故事。当时他看中位于上海黄浦江边的梦想之屋时，没有能力购买，但是他心中坚定要买下它，于是他先拿到这个房子的图纸，然后自己开始设计，甚至开始挑选墙纸和灯具并买回来，内心非常坚定：我一定会住进这个梦想之屋。谁知一年后金融危机，他用一个难以置信的价格买下了它，有很多杂志都报道过书民老师充满艺术气息的家，这就是全息化生活的例子。

　　李欣频老师给我们讲了她年轻时实现梦想的故事——用文案写作技能换取各地旅行的机会。

　　我学习了他们的课程后，内心豁然开朗，其实到达梦想的彼岸有很多条路。我大胆列下巴黎旅行的清单，这次内心特别笃定，课程结束回到家后，我开始看巴黎的机票、看酒店、看旅行路线、做梦想板、用巴黎街道作为手机屏幕，甚至我开始准备去巴黎的服装——选择那条我希望走在香榭丽舍大道时穿的裙子，仿佛我马上

要启程。

在后面的日子里，我继续专注形象设计领域，在朋友圈、微博做分享，策划有关形象设计的各种沙龙活动，放轻松过当下。随后神奇的事情发生了，我接到一通"神秘"的电话，一个美业品牌邀请我2018年6月去美国游学，在和对方沟通时，我无意说了一句："哦，是美国呀，要是去法国就好了。"没想到对方负责人说："晨曦老师喜欢法国是吗？我们4月份刚好有去巴黎的深度游学，如果您有时间并且签证能通过，欢迎和我们一起去。"天哪！内心的雀跃让我差点尖叫出来！

那次巴黎的深度游学非常精彩，进入卢浮宫的油画展厅时，从踏进门那一刻全身的汗毛都竖了起来，站到《蒙娜丽莎》的真迹面前，我激动地流下眼泪，在奥赛博物馆面对着梵高的自画像，回忆起《至爱梵高》电影中的情节感慨万千；在橘园美术馆面对着莫奈的《睡莲》，一直待到闭馆也不想离开。这或许就是艺术的魅力，不需要任何语言，通过那些笔触和色彩，仿佛我们能和作者在某个空间里交流着。

有时候一个梦想的实现像是打开了一道神秘的梦想之门，一个个梦想如同多米诺骨牌逐一实现。从巴黎回来后，我受几个品牌的邀请分享游学之旅，实现"500人的舞台演讲""2000人的舞台演讲""获得专业奖项"等。无一例外的是，在我写这些梦想清单时，我就会同期准备好实现梦想时穿的服饰。

（2）做好这五步，你也可以成为穿出来的梦想家

相信每个人都希望自己生活在自己想要的频率中，既而实现理想的生活。那么，如何成为穿出来的梦想家呢？

首先，设定一个愿景。

例如，2017 年我的一个愿景是：我充满激情地站在 500 人的舞台上演讲；

其次，多维度开启全息化。把自己活在理想版本里的方式有很多，我们可以从眼、耳、鼻、舌、身、意各个角度开启全息化，例如制作一个梦想板，找各种各样演讲的图片贴在梦想板上；对镜演讲仿佛自己已经站在演讲台上；找自己演讲的背景音乐；经常思考演讲的主题和金句；准备演讲时的衣服，我准备的是宝蓝色绸缎衬衫和黑色长裙（长度到脚踝），因为那时的我下半身比较胖，所以裙子选择了基本款且达到视觉瘦身的效果。

再次，浇灌梦想，不断浇灌梦想。这个愿景如同一颗种子，我们把它种在土壤中之后需要不断为它浇水、施肥。以刚才演讲的愿景为例，我需要看大量演讲视频、演讲书籍，或者去学习演讲课程。

然后，打破限制性信念。在去往愿景的旅途中，我们都需要面对一个问题——自我怀疑。它们总是出现得毫无规律，有时我们会突然觉得：凭什么我能站在演讲台上呢？我能分享什么呢？我的分享有什么价值呢？我们需要不断打败这种自我怀疑，就像在养植物时需要时不时为它"除虫"，需要不断打破我们的限制性信念。

最后，放松臣服。这就像手握沙子，握得越紧反而沙子漏得越快。放松下来，过好当下的每一刻，或许你的愿景就在来的路上。关于臣服的力量，麦克·辛格的书《臣服实验》讲得非常详尽，书中揭示了他如何从隐居者成为上市公司CEO，以及如何成为纽约时报畅销书榜冠军作者、奥普拉脱口秀受访者和启发无数人的心灵导师。

随着我和越来越多的学员们一起践行穿出来的梦想家这个概念，常常收到大家实现梦想后的报喜信息，每当那个时候我都发自内心的充满喜悦。我们像一个个预言家，预言了自己的未来，然后一个个地实现了它们。

每一年我们写下梦想清单，为清单中重要的场合准备心仪的服装和饰品，这过程就像是已经要实现自己的梦想。我们把服装挂进衣橱，每天早上打开衣橱就能看见它们，这个目标每天都在向我们挥手，让我们更有激情为此而奋斗，这很好地解决了我们的迷茫和没有方向感，因为方向就在那里，这其实也是一种自证预言。

自证预言（self-fulfilling prophecy）是一种在心理学上常见的现象，由美国著名的社会学家罗伯特·金·默顿提出。意指人会不自觉地按已知的预言来行事，最终令预言发生；也指对他人的期望会影响对方的行为，使得对方按照期望行事。也被称为"罗森塔尔效应"。

穿出来的梦想家就是一种自证预言，我们设置一个预言，为预言做好准备，然后开始行动，在时间积累的过程中不断努力，最后我们穿上在预言时准备好的服饰实现它们。

2. 破除卡点，通向你的理想生活

（1）用热情助力想要的生活

黑格尔说："假如没有热情，世界上任何伟大的事业都不会成功！"热情是我们通往愿景目的地的加油站，也是打破一切自我怀疑的助力。我在 2017 年遇见热情测试后，一次又一次用热情的力量帮助我实现愿景，打造出理想版本的生活。

热情测试是目前全球范围内科学而系统的寻找热情和人生意义的方法，由纽约时报畅销书作家珍妮特·布蕾·艾特伍德（Janet Bray Attwood）总结过去几十年人生经验而创造。这是一套简单的寻找生命热忱和人生目标的分析工具，能够深入挖掘内心深处的热情，通过七大环节的系统测试，配有专业的实操工具，准确找到个人的五大热情，指导如何发挥天赋和使命，提供对应的生命优先级指南。目前专业的热情执导师遍布全国。

在遇见热情测试之后，我开始探索穿出内在热情的形象设计，自己也实现一次又一次的生活和事业上的突破。我把这套方法运用在我的学员身上，希望能够让她们真正穿出内在的美好，而不是仅仅根据皮肤色和风格按照规律去给她们挑选服装，因为任何美好都不是表演。有时候我也会纠结，内在温暖美好的姑娘皮肤整体色调却是冷色的，这时我需要反复向她们解释如何用色既有内在色调又能搭配外在皮肤色。

每次看到她们发来的照片我都无比开心，每一次课程结束后收到大家的好消息，或是升职加薪，或是获得了新的理想工作。有学生说："晨曦老师，你有一种魔力！"其实有魔力的并不是我，而是我们自己，每个人都有梦想成真的能力！在这本书中，我也并不是主角，主角是大家。希望能够用自己的形象去助力想要的生活。

（2）自卑与超越

常常在课程结束后收到姑娘们的信息，在我眼中满身优点的她们却在找优点的作业中害羞地只写一条，明明是性感的 X 形身材，却在自我评定中写着："梨形身材""O 形身材""我好胖""肉好多"等。

众多女生看不到自身的优点，却容易下意识放大自己的不足。曾经我也讨厌自己的麦色皮肤、单眼皮，羡慕那些皮肤白皙、双眼皮高鼻梁的姑娘，嫌弃自己为何长得那么有"个性"，大众审美中的美，我一样也未曾拥有。而这些自卑有时来自他人无心的评价。

或许很多女生也和我一样，在外人眼中都是自信满满的闪光体，然而只有自己知道，伪装得多强大，内心就有多弱不禁风。在女性的成长中，需要更多的认可和肯定，才能感受到自己存在的价值。年少的时候我也一样非常在意他人的评价，他人的一句评判或者批评会让我几个晚上夜不能寐，然后自我怀疑："我真的如此吗？"

后来我开始向内探索，越来越欣赏自己，和自己和解，同时懂得如何爱自己。某一天，经过路边的反光玻璃，我看到那个熟悉的自己，自信满满、眼神笃定，眼中都是梦想和光。当我内心真的认可了自己时，我不再需要任何人告诉我：

我是"好"女儿，"好"妈妈，"好"妻子，"好"老师。

假如有人评判我"不好"时，我不会花任何时间去证明我的好，因为关于"我"的那些评价形容了我，但没有定义我。当然，从自卑到真正的自信需要一个过程，这也是为什么在这本书中有很多内在探索的部分。进入形象设计行业这些年，我越来越发现当一位女性请形象设计师帮忙，不仅仅是想要变美，而是变美后内心深处的自我认同和信心。我让大家设计出自己的全貌图：一半是内心的，一半是外在的，这里面有着千丝万缕的关系，这里面存在着每一个女人的秘密花园！

这也给了我更多学习的动力，不仅探索形象学，还有更多的美学、设计学、哲学、灵性科学、心理学等众多学科的力量，我也希望每一个女生都能拥有这种力量：无论外界如何评价，属于你的定义，只能自己给！

（3）打破限制性信念

有一次课程结束后和学员聊天，她问："晨曦老师，你好像能够了解我们生活中出现的各种问题及解决方法是什么，这是看书得来的吗？"我很诚实地告诉她，因为你们遇到的很多问题我曾经都碰到过。因为曾经的我就是一个有着超级限制性信念的人。

限制性思维有多可怕呢？

例如你想赚很多钱，但小时候你不小心被植入一种限制性思维，或许是你的某位阿姨："你看隔壁家某某有了钱身体就垮了。"于是在你幼小的心灵里就会被植入："有钱＝生病"。实际上，"有钱"与"身体健康"本质上根本就没有关系。因此无论你如何努力也很难赚到钱，或者即使赚到钱也会很快流走。因为在你的潜意识中你是恐惧有钱的。我说的这个例子就是我自己，所以在我没有去除这个限制性思维之前，无论我怎样努力，我和金钱的关系都很不好。

那么，我又是如何解决了这个问题？

我遇见了一位 40 多岁的女士，她打破了我这种对金钱的限制性思维。她赚钱能力超强，她的爱人是个宠妻狂魔且更会赚钱。从这位女士的脸上，你看到的是岁月的丰盛和闪着光的眼睛，或许你以为她是个大美女，然而并不是，她不是标准型美人，但是把自己拾掇得知性有气质，跟她在一起就觉得很舒服，也觉得她越看越美。仅仅是那一个下午，我听她聊了很多关于家庭和事业的经验，关于"金钱＝不幸"的限制性思维一刹那被打破。我们需要做的就是去认识那些能够打破我们认知框架的人。有趣的是，和这位女士认识后不久，我的收入就连着翻了好几倍。我的很多"木马程序"[1]都是这样一个个被打破的。

曾经的我很难想象结婚多年后的爱情是什么样的，也非常认同"婚姻＝坟墓"。打破我这种限制性思维的人是我的公公婆婆。记得刚和姚先生结婚不久，有一天夜里我俩看完电影很晚才回家，进门看见客厅沙发上公公躺在婆婆腿上睡觉，婆婆一边看电视一边用书为公公挡着刺眼的灯光。婆婆微笑着做了一个"嘘"的手势，让我们声音小点不要吵醒老爸。讲真的，那一瞬间我感受到什么是相濡以沫。公公婆婆非常恩爱，每年两人都会安排属于他们的二人世界去各地旅行，且公公是一个把老婆梦想当作自己梦想去追求的人，婆婆年轻时的梦想是住进别墅，公公以此为目标为自己的妻子打造她想要的生活。

他们的相处方式让我重新看待婚姻和爱情。POV 心理学中有一个我非常喜欢的观念，人的关系一直在这种轮回中：相互依恋期—单方依恋期—独立期（死亡期）—相互依恋期，循环往复。所以当我们处于独立期的时候，要知道我们还会有下一个相互依恋期。或许在婚姻中我们不可能每一个阶段都深爱对方，但是我们可以一次又一次的爱上对方，这应该就是理想爱情的模样吧。

我们很多的限制性信念来源于我们看到的生活版本太少，如果你还没遇到打破你限制性信念的人，那就靠阅读吧，用阅读去打破你的思维限制和认知。如果你和我一样限制性信念特别多，那请记住：所有的限制终会成为你的铠甲。正是因为我有这么多问题，才会去拼命学习和提升认知，才会重新去塑造我的人生观、价值观，

---

1　木马程序：李欣频老师将人生的限制和框架比作木马程序，就像计算机中毒一般。

Exquisite woman

也才会有那么多提升的空间和感悟。

　　一个人认知不同，世界就会不同。我们都在做"观察自己—找到优势—开始行动—增强优势—实现愿望"。当我有很多限制性思维的时候，就好比在沙漠中生活了一生的人会难以想象热带雨林的模样。这个时候去学习，去了解已经过上你想要生活的人，去和丰盛的人聊天，去阅读，让你的思维生活在热带雨林中而非沙漠中。

## 三、五位穿出来的梦想家践行故事

### 1. 改变形象后，人生才刚刚开始

Yuki（专注于离钱最近的转化型运营顾问，

前知名互联网公司运营负责人）：

　　三年前的我，被别人称之为"把自己包裹住的女生"，用当时一位姐姐的话就是"没有绽放"。当时的我每天朝九晚五，天天加班，被称为最勤奋和努力的员工，但我就像是乱窜的苍蝇，每天不知道自己的方向在哪儿，领导给目标就做，目标成为我当时的动力，我却失去了生活。

　　在三年前，一场意外的车祸让我惊觉，我的人生真的要这样日复一日地在加班中度过吗？没有奔头的我那段时间简直不要太差，每天形象邋里邋遢，每个月买的

衣服很多，开销也很大，每天依旧特别烦恼今天究竟要穿什么。

那时消极懈怠的我就是因为一次行动派的线下读书会，认识了晨曦，感恩那次在困难之下，我勇敢走出去的决定和选择。就是这样一个线下的链接，让两个原先没有交集的人，开始了新的故事。

机缘之下，我们的交集越来越多，我每天都赞叹她惊艳般的出场服装，得体舒服大方，我就说当形象设计师真好呀，可以像个魔法师改造别人。她当时看着我认真地说："Yuki，我一定要给你好好改造下，你很多形象的特色点没有体现出来，你知道吗？你可以通过形象让自己绽放。"

我们针对形象做了一系列的问卷填写，以及沟通了我最近的场合需求后，她就给我做出了符合我特点的形象定位，从我的发型，形象用色，以及穿搭风格，甚至还有可借鉴的 icon，我就更有方向地对我的形象进行了管理和呈现。这次的改造对我而言，是我人生中的里程碑事件，我重新认识了我自己。那半个小时给我带来了强烈的"AHA 时刻"，我把这个报告细心保存好（至今还在我的收藏里），我开始在某宝上开始淘几何图形的配饰，甚至，我还根据晨曦的建议去打造了全新的发型。

好好改造自己后，忍不住想说一句，我真是美爆了！我开始看见自己啦。

从此我的人生和形象一样发生了质的飞跃，我用晨曦交给我的实现梦想的方法，准备好我要到达地方的穿搭，把所有频率都调到和那个城市一样，我就成功地去了我念念已久的摩洛哥，在那里我通过优势搭配后，我发的每一张图都在朋友圈点赞被夸，还成为形象设计师使用的范本。

形象改造后，我的个人影响力获得突破和提升，去想去的地方以最低的价格旅行，踏上了百人梦想舞台进行演讲，成为多家平台的特邀讲师，现在成为运营顾问。

我很难想象，自己会从企业里面走出来，呼吸到自由的空气，更无法想象，自我形象的改造，也改变了我这几年的生活状态。现在见到我的很多闺蜜都说，哇，Yuki 你现在站在哪儿都能成为光。

形象，就是你的门面，你要管理起来，美的呈现是一种成就，当你获得这种成就感后，你会热爱生活以及产生自信。在传统思想影响下，很多女生是不敢谈美的，大家觉得美离自己太远，甚至觉得自己不配，其实每个女生都非常需要一次升级的形象设计。

感谢晨曦，在人生的转折期，给我倾注了美的能量，让我勇敢为想要的生活而装扮，它唤醒了我对生活的热爱，对世界的感恩，对家人的影响，甚至给事业增值加分。

微博：@ 向好运营 Yuki

## 2. 与你同行，美好尽收眼底

子苏（ZSU 设计师集合服装品牌主理人，

美育海南素人改造公益项目发起人，

ACIC 国际注册形象设计师）：

晨曦最初是我的形象美学老师，后来我们成了闺蜜，一路相识相知 5 年有余。她开启了我的形象事业，并用她的大爱与智慧，帮助我创业。在我的生活里，她就如同风向标、如同灯塔，让我有勇气加足马力，勇敢向前。

从十七岁开始，我就常看时装杂志。少女时代的我每天会自己挑选、搭配当天要穿的衣服。T 恤、牛仔裤是平时最喜欢的；花边纯色连衣裙，格子外套，让我自己觉得淑女又活跃；我也学着大人模样穿长大衣，使自己优雅有气质……面对眼花缭乱的服装，我的喜好也是变化多端。随心所欲的我随心所欲地穿，也愿意做各种各样的尝试。

后来长大恋爱结婚了，生活发生了诸多改变，但看时装杂志穿搭衣服的习惯依然，只是不再敢随心所欲，我总想让自己的穿着更有品位，花了很多心思，可总在原地打圈，无法突破自己形成的穿搭习惯，而身边的大多数人也是如此——无法穿得像杂志上的那样精彩。

快到三十岁，我成了一个孩子的母亲，起初的几年，我成了全职妈妈，每天为孩子忙碌，根本没想过自己，我觉得这样的日子很幸福。后来孩子上了幼儿园，就遇到了和我一样生活的妈妈们，聚聚会、喝喝茶、聊聊孩子。再后来，孩子上小学了，他开始变得不那么听话了，我也开始变得不安，有时甚至烦躁，可我并没意识到出现的问题，还不时找老公的麻烦。随着在一次与爱人触及底线的大吵之后，才发现是我自己出了问题，也是全职妈妈的通病——丢失了自己。我觉得我脱离了职场，找不到为社会存在的价值，幸福感一天天在消失，而失落、自卑感，像迷雾般不知不觉将我包围，深陷其中，努力想融入周围清晰世界的时候，才发现是多么的孤立甚至无助。我开始思考人生，开始努力冲出迷雾，也就在这时，遇见了我的老师、好朋友、好闺蜜——晨曦，是她领着我穿过了一道神奇的门，让我看见了清晰美丽的世界，她说我可以是这个世界的一员，并可以通过自己的努力让这个世界更美丽。

在晨曦开办的形象设计班里，我开始系统地学习形象美学，在她的影响下，把对时尚的爱好变成了职业——形象设计师，在拿到形象设计师证书的那刻，我宛如新生，从此获得了重启自己的重要密码。

我终于可以将自己曾有的穿搭经验，在理论之光的照亮下，送到需要帮助的人身边，照亮她们。我帮助她们了解自己的外在气质，明确自己应有的形象定位；帮助她们从里到外地完善自己，让她们显得更加独一无二、更加美丽甚至漂亮；我帮助她们挑选购买相应的服饰，推荐给她们自己用得省钱又出彩的产品。后来找我的人越来越多，我的圈子迅速地扩大。

期间也在积极地参与形象美学教学，两年时间，从形象助教到形象讲师，将自己所学所悟传达给更多热爱时尚的朋友。在这过程中，也以自己独有的审美，结合现代的生活模式，创造出属于我自己的平价基本穿搭法则。2017 年在参加完上海的一场女性论坛活动回海口的飞机上，为自己做了一个大胆的决定——创业。于是 ZSU 设计师集合服装品牌诞生了，我想帮助身边更多和我一样的普通女性能获得自信和美好的方式，就是从基础的服饰开始，让她们在平凡的生活中通过梳理自己的外在形象，让自己看见一个比过往更美的自己，并通过外在形象，喜欢自己，爱上自己。

半年后，2018 年年中，我又走进了心心念念的北京服装学院，一个多月朝七晚六的学习，我变得愈发笃定，一定要为中国普通女性的美做一些贡献，若是能帮助她们从内而外活出真正的自己，那就太赞了！回来之后，升级了形象服务和企业形象培训服务。

2019 年，通过美育海南、素人改造公益项目，我和我的团队在帮助了几百名女性成功改变形象后，深深感觉到了当自己活在热爱之中，每位女性都可以是全世界最幸运、也最具价值感的人。那年 10 月我非常惊喜地荣获了亚洲金紫荆时尚明星风云人物大奖。

2020 年，又是一个新的起点，我也有着更高的目标。这是一份期待与希望交织的重担，前行的路上一定有坎坷，一定会崎岖不平，而我依稀看到了前面有光，闪耀而明亮，我也已不再是 4 年前迷茫自卑的那个模样了。

或许今天的你和 4 年前的我一样迷茫甚至自卑，但人生真的是可以重建的。四年前的我和现在的我是不同的两个版本，换作你，你会做哪个版本的自己？

答案是明确的，因为从我自己孩子的眼中，看到了他以我为傲的样子。 我也以今日版本的自己， 与晨曦同行，一路的风景让我们尽收眼底。

微博：@ 形象穿搭师子苏

3. 穿出灵魂的模样，用形象来定频

吴雨芯（冥想导师，

　　　　生命数字全息命理师，

　　　　国际昆达里尼瑜伽教师，

　　　　湖南卫视特邀嘉宾）：

我是雨芯，一位教冥想的老师，也是一位生命数字全息命理师。从小到大，我是一个很喜欢美的人，但在十年前开始向内探索修行后，参加了不少课程，而大部分课程强调的是内在修行，甚至让我们不要去在意这具身体和外在，于是有一段时间我就是这样暗示自己的：外在不重要，重点是内在的修行。于是妆也不化，皮肤也不好好护理，穿衣服也比较随意。

可是会发现，自己并不开心，而且在与朋友或客户接触时，很多人并不会在接触我的那一刻就对我有信任感，反而我需要额外的花费不少的精力去构建自己的专业度。这让我挺苦恼，于是我又开始打扮起来，但是我的穿衣风格却又和我想呈现出来的感觉差距很大，又让我陷入新的困局里——我不知道要如何穿出我内在的状态，不知道要如何穿出我理想中的样子。

2017 年在上海学习，遇见了晨曦，见到她的第一眼，我就觉得眼前的这位女生好有气场，妆容精致，服装得体，配饰也选得很赞，一看就是从事和形象管理相关职业的人。在后续和她接触的过程中，得知她确实是从事这方面有十几年经验的专业人士，而晨曦对我的认知，是通过沟通交流，她才知道我原来是一位教冥想的老师，因为当时我戴了一副黑框眼镜，穿了一件简单白 T 和一条碎花裙，一眼看过去就像个刚从大学出来的初入职场的人士。

有一天我们在一起交流冥想，我还用生命数字为她做了一些解读，晨曦当时就说了一句话："雨芯，你是用生命数字在指导大家活出自己的灵魂本质，那我就是在用形象设计帮助大家穿出灵魂本身的美好样子。"我瞬间被这句话触动了，内在与外在本来就是合一的，如果你能通过外在的形象穿出自己的内在品质，穿出你想传达的信息，那么在人与人的沟通和交流上，我们就会减少很多不必要浪费的时间了。

随后晨曦告诉我，我应该多穿一些飘逸的，不要太花哨，可以有蕾丝或者飘带的衣服，款式要简洁大方，饰品可以是水晶或者珍珠类型的，也不要太大，精致小巧的就很适合，眼镜要换一个，不能用黑框的，太硬了不够呼应我内在的柔软。

随后我按照晨曦的建议做了调整，不但整体气场发生了变化，人也自信了许多，第一次见面的客户对我的信任度大大提升。带着晨曦给我的这些建议，我整理掉了家里不再适合我的衣服，重要的场合我也会征求晨曦的意见，慢慢地找到了更加适合自己，能穿出灵魂色彩的服装。

形象上的变化带来好的气场，好的气场带来更多吸引力。我的事业和生活出现很多惊喜，越来越多的平台主动找到我，我受邀参加了湖南卫视芒果 TV《我是大美人》的录制，与十点读书合作了线上与线下的课程，喜马拉雅上的课程收听破百万，冥想课程也开到了全国，并成立了自己的冥想工作室。我想这些都离不开晨曦在形象上的帮助。

每个人的灵魂都有她独特的模样，我们常常抱怨别人怎么不懂自己呢？因为我们传递的信息，本来就无法 100% 正确传递，再经过对方的接收过程，更是大打折扣了。而外在和内在的合一，是需要穿出我们自己灵魂本来的模样。你的形象真的很重要，它链接着你的未来，用形象为自己的未来定频吧！

微博：@闺蜜力量吴雨芯

## 4. 姑娘，你美不美只能自己说了算

石钰渤（独立运营顾问，

  商务 & 出版经纪人，

  梅格妮）：

听到自己的形象可以被设计，甚至设计后还可以加速梦想实现，你的感受什么？

我是一个出生在十八线小城的东北姑娘，从小爬高上墙的，没有穿过裙子更没有化过妆，所以好的形象对于我来讲，就是洗干净脸，穿干净的衣服，别让看到的人认为我邋遢就好。当第一次听到自己的形象可以设计的时候，真的是不可思议，更不可思议的事情发生在我和晨曦相识之后。

2016 年和晨曦相识在一场线上的形象知识分享会，她是分享嘉宾，看到在她的改造下变得绽放光彩的一个个女孩，便厚着脸皮的添加了晨曦的微信。听她带着超级爽朗的笑声和我语音讲解"要为想要的生活而装扮自己"，那一刻，我才懵懵懂懂地了解到形象的某种神奇力量，便邀请晨曦为我来做一对一形象诊断和咨询。

当时的我已经听从妈妈的建议回到小城工作，巨婴一般的生活把我推向挣扎、纠结的悬崖边缘，周围都是惶恐不安，以及和父母间的相互埋怨折磨。

晨曦用"外在形象要体现内在品质"和"为想要的生活而装扮"两种理念及工具，帮助我挖掘内在品质，再根据内在想法和个人情况用形象设计助力我。

我的第一个想要的生活是清晰自我，独立生活。晨曦抓住支撑清晰与独立的特质——自信，为我设计了第一套形象。剪短及腰的长发，换上高跟鞋，涂一支偏玫红色的口红，自己从那个不敢大声说话的土丫头变成有一股子气势的职场女性。

镜子里变化的自己和周围同事目光的转变，让我心理上开始自信去应对事情，更容易去思考问题，提出观点，而不是只会点头，事事问妈，很快我升级为单位的副科级职员。

我有点惊喜，开始去尝试第二套形象。我很期待去享受一次海边旅行，大草帽、度假裙，带有波西米亚风格的彩编头发，于是我收到甲方爸爸的邀请到舟山去免费旅行，还特别荣幸的免费升级海景房。

晨曦设计的形象让我的生活里充满自信、独立和开心，与爸妈关系更加融洽，于是在高级形象研修班招募时果断参加，期待自己也可以同样也拥有这样的魔力。

现在我是一名独立运营顾问，专注女性个人成长领域运营经纪工作，形象设计是我运营上的一大特色。服务过的个人成长咨询或 IP 运营咨询的客户，我都为她的想要生活去设计一份形象礼物，用胸针、丝巾、服饰、妆容等加速个人气质的体现，同类的运营动作配上专属感的形象，加速梦想生活的高效实现。

听起来像白日梦一般的"为想要的生活而装扮"，就这么真真实实地让我独立、自信的生活，这是形象改变带给我改变和震撼，晨曦带给我的力量和勇气，此时我终于不听别人夸我美，而是自己感觉到的很美。 是的，自己感觉到的美，来自内在与外在的和谐，来自你自己说了算。

微博：@ 闺蜜力量石钰渤

## 5. 离开舒适圈，成为更好的自己

王彬（ACIC 女主播竞技大赛冠军，

ACIC 国际注册形象设计师，

短视频穿搭博主）：

我是 2019 首届 ACIC 女主播竞技大赛的冠军，也是一名形象设计师，但在此之前我是一个特别自卑不会穿搭的胖女孩，而大部分胖女孩的青春都是疼痛的，我也不例外，尤其是在美女遍地的艺术系，我慢慢地开始自卑和敏感，平时穿着都会下意识的选择宽松的衣服，习惯低头走路，也常常被周围人忽视。

2014 年我勤工俭学第一次接触了直播，在摄像头的美颜和滤镜下，长相平庸的我瞬间变成了镜头前的一个小美女，凭借尤克里里弹唱在秀场直播挣了人生的第一桶金，接着连续 5 年的时间都在虚拟的世界里弹唱、互动、玩游戏。进入 2018 年，身边越来越多的主播感叹：那些刷刷颜值、聊聊天、卖个萌、撒个娇就能吸引用户打赏的日子一去不复返了。

于是 2019 年初终于鼓起勇气走出舒适圈，退出秀场直播选择重新出发，开始减肥，开始社交，开始学习新的技能，参加一场又一场线下沙龙，去认识和发现人生的其他可能，没过多久，我遇见了晨曦老师，在她的"热情测试"的引导和启发下我终于找到那条可以将爱好变成技能的路，一点一点发现自己内心真实的追求和渴望，也发现了形象的根本，并不是简单的穿衣打扮，而是你的形象源于你的内在。从此开启了我的形象设计研修之路的大门，而引路的正是我非常崇拜的晨曦老师，她告诉我："无论你要想成为谁，你想要过什么样的人生，唯一的一条路，就是不断修炼自己。"从 2019 年下半年至今，形象公益输出超过 1 000 小时，也在各个短视频平台分享穿搭技巧，成功帮助上万女性由内而外的丰盈自己，也更加确定这是自己热爱和擅长的事。

两年过去了，我可以说，离开舒适圈真的可以变成更好的自己。曾经的我，是看到了路口的一点光亮，于是无畏地冲过去。那个时候，更多的是不怕犯错，不怕摔倒，相信总有一条路可以走通。然而现在，即便经历过了更多的破碎，我却不只是无畏了，而是更多地跳脱出自我的情绪，来洞察生命这回事。这是我转型成为一名形象设计师后一个巨大的进步。前者看似强大，实则脆弱不堪，濒临崩溃。后者是轻松的，是自如的，是永远有希望的。这也是我想传递给大家的能量。

你要相信：

你真的比过去更努力；

你真的会比过去活得更好：

你真的值得拥有更好的人生。

抖音：杉杉的穿搭宝典（抖音号 126595616）

## 本章小结

　　亲爱的闺蜜们，到了这里，我们的学习也进入了尾声，希望到达这里的你已经开始对自我展开了新的认识，穿搭能力也提升了不少，最后用一张我常常让同学们练习的《穿出来的梦想家》的梦想版图来结束这　章的内容。

　　首先写出自己的一个自己的梦想清单，在这个梦想里你的角色是什么以及想要表达的关键词是什么。完成这些之后看看自己的衣橱中有没有可以表达自己这些关键词和角色的服饰，心中可以想象一下在实现这个梦想的时候你希望自己的穿着是什么样的。最后找一个自己的形象标识以及对标的人物。把这张图片放在自己经常可以看到的地方提醒自己。

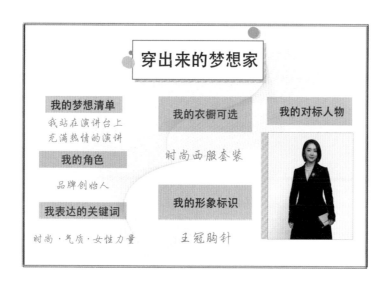

给到大家一个案例：

愿大家用这张图可以一次又一次的突破自己，一次又一次的创作理想生活，一次又一次的完成自我重塑。

关注公众号回复："梦想家"

获取穿出来的梦想家空白图用于填写自己的内容。闺蜜们可以完成属于你的穿出来的梦想家设计图，在微博上 @ 闺蜜力量晨曦，让我成为见证你实现梦想的陪伴者。

,,

# 感谢

开始写这本书的时候刚好是我的 30 岁，写完这本书时我刚好过完 33 岁的生日。这三年中，每当我在生活中有了新的感悟和思维的升级我就会来修改这本书，已经记不起来修改了多少遍。这三年经历了从未有过的考验，无数次的推翻和重建自己，而这一切的思维结晶都被记录在这本书里，它是一本见证了我 3 年成长的书。

感谢我的爸爸妈妈丁富友先生和杨秋梅女士，我的身上流淌着他们的基因和血液，我的美学基因来自母亲，我的创造力基因来自我的父亲。因为追求梦想不能陪伴在他们身边，而他们给予我追梦之路最大的支持和理解。

感谢我的公公姚宣东先生，他是我的第二位父亲，更是我的创业顾问，每当在事业上有困惑他就像指明灯一样帮我分析，他总是提醒我不要着急慢慢来，是我精神上和创业上的导师。

感谢我的婆婆陶少敏女士，她是我的第二位母亲，她教会了我如何像水一样智慧的做女人，每当我状态不佳和她聊天就被赋予力量。

感谢这一路陪伴我的人，我的爱人姚思元先生，从我们在一起时他就说："支持你完成梦想就是我的梦想。"这么多年过去了他真的做到了。

感谢我的儿子姚业成小朋友，自从有了他我开始了从未有过的思考，他让我体验到什么是无条件的爱，很多时候他更像是我的老师。

感谢我的编辑 Sophie，从开始决定写这本书时起不成熟的想法陪伴我一次次的修改才有了这本书，这三年来一次次鼓励我给我并给予我最大的支持。

感谢我的创业伙伴和闺蜜们，你们按下的每一次确定键都给我莫大的鼓励。

感谢为这本书作序的史延芹老师、徐应新主席、刘兴林教授给予我的鼓励。以及为本书写推荐语的：熊浩教授、秋叶老师、骆文博、李婉萍、Angie、娜里跑为我赋能。

感谢我的每一位学员，无论是线上还是线下，你们都是我写作最大的动力，也是我的灵感源泉。

感谢和我一起创作这本书的伙伴们：

插画师：Ling 微博 @ 起舞 LING

摄影师：尚阳（独立摄影师）

samiliu 微博 @samiliu （田边社）

蔡宗成（@ 摄影师蔡宗成）

后期：煮光东 （田边社）

图片设计：吴世晖 微博 @ 吴世晖 WickyNg

视频剪辑：陈望 微博 @ 橙望望

化妆团队：美妆匠人

宋奥蕾 微博 @ 造型师奥蕾

吴世晖 微博 @ 吴世晖 WickyNg

陈晓丽 小红书 @Abby

梁雪梅 微博 @ 化妆 de_Max

张志缘 小红书 @senior

陈雪蕾 微博 @ 海口化妆师阿蕾蕾

风格女主角：

林菁 微博 @ 小妖菁的生活调色盘

王彬 抖音：杉杉的穿搭宝典（抖音号 126595616）

子苏 微博 @ 形象穿搭师子苏

陶子 微博 @ 陶子姐姐营养师

YUKI 微博 @ 向好运营 YUKI 视频号：离钱最近的运营 Yuki

陈宣潼 微博 @ 爬爬潼

穗 微博：__Alva_ 抖音 17907922

刘蓉 微博 @Lora 的美丽世界

玉影 微博 @Amy 的美学视界

文字整理及校对：

@ 何颖 公众号：海岛生活笔记

@ 兰溪 公众号：成为发光体

@Melody

@ 王婷婷 公众号：树洞游乐场

这是我人生的第一本书，我想我会继续写下去，记录成长、记录生活、记录女性。以爱的姿态去生活，相信婚姻、相信爱情、相信人间的温情；以勇气的姿态去生活，直面生活扔过来的狗血剧，有勇气在废墟中高歌自己的梦想进行曲；以丰盛的姿态去生活，活出自己的同时也帮助她人，支持曾经和自己一样迷失的女性。我会不断活出我的相信，活出自己最高的人生版本，这是对自己的誓言，也是给所有像我一样平凡却有梦想的女生的鼓励。

自2016年起，我开始践行管理大师查尔斯·汉迪的组合式工作法，

即:1/4工作，1/4学习，1/4陪伴家人，1/4留给自己。

实践并体悟了四年，渐渐地我的生活开始有了属于自己的循环系统。我开始各地演讲、求学和伙伴们一起工作，每年抽出1-2个月回到家乡陪伴父母，工作之余也倾注了大量时间专注学习和写作，又以学到的内容作为新的课程内容并传播。

如此，逐步打造出我的理想生活版本。

我认为每个女人都应该有自己的"一室一间"，一室"书与画"这是女人的
精神世界。一间"衣饰花"那是你对外呈现自己的桥梁。在自己的时间空间里和自己
喜欢的一切在一起，绘画、手工、绿植、宠物……
这就是属于我，也属于每一个女人的一室一间。
我每天回血最好的时光就是绘画，十指方寸间，手、纸、笔之间构成一个世界，
享受属于自己的手忙心闲。

朋友们一起来为我的书籍拍摄插图，大家都是在自己领域充满热爱的人，一张张
作品就这样在彼此的心流中创作出来。
最幸福的事就是和喜欢的人做喜欢的事，朋友间彼此协作、彼此懂得、彼此陪伴、
彼此鼓励。在我无力、彷徨、脆弱的时刻，他们都一次次把我拉回"岸上"，
一遍遍帮我按下确定键！
这就是闺蜜力量。